U0887904

UAV

QUADROTOR UAV TRAJECTORY PLANNING AND TRACKING CONTROL ALGORITHMS

四旋翼无人机
轨迹规划
与跟踪控制算法

严怀成　饶 凯　杨朋辉　等◎编著

化学工业出版社

·北京·

内容简介

本书系统阐述了四旋翼无人机在动态环境中的轨迹规划与跟踪控制技术，围绕感知、规划与控制的核心挑战，构建从基础建模到实际执行的全技术链条。全书首先基于牛顿-欧拉方程建立非线性动力学模型，分析四旋翼的欠驱动特性与微分平坦性；随后探讨了视觉/激光SLAM与多传感器融合的定位方法，以及不同环境表征对规划的影响；进而提出“路径搜索—参数化—优化”的轨迹生成框架，涵盖基于搜索/采样的初解生成与多目标约束优化；最后对比工业级闭式控制与前沿优化驱动方法，解决复杂扰动下的跟踪问题。

本书适合无人机、无人系统、智能控制、多智能体系统、网络化控制等领域的研究人员，以及从事航空等行业的决策与控制工程师阅读学习。

图书在版编目（CIP）数据

四旋翼无人机轨迹规划与跟踪控制算法 / 严怀成等编著. -- 北京 : 化学工业出版社, 2025. 10. -- ISBN 978-7-122-48698-1

Ⅰ. V279

中国国家版本馆CIP数据核字第2025G3L884号

责任编辑：要利娜　于成成　　　　文字编辑：张　宇

责任校对：杜杏然　　　　装帧设计：王晓宇

出版发行：化学工业出版社（北京市东城区青年湖南街13号　邮政编码100011）

印　　装：北京云浩印刷有限责任公司

787mm×1092mm　1/16　印张9½　字数213千字

2025年10月北京第1版第1次印刷

购书咨询：010-64518888　　　　售后服务：010-64518899

网　　址：http://www.cip.com.cn

凡购买本书，如有缺损质量问题，本社销售中心负责调换。

定　　价：88.00元

前言
PREFACE

近年来，随着人工智能、自动控制与传感器技术的飞速发展，四旋翼无人机凭借其结构简单、机动性强、垂直起降等特性，逐渐从实验室走向工业、农业、应急救援、物流运输等广阔领域。从复杂城市环境下的物资配送到灾害现场的快速搜救，从精准农业的植保作业到电力巡检的自主飞行，四旋翼无人机的应用场景不断拓展。然而，其核心挑战始终围绕一个关键问题展开：如何在动态、不确定的环境中实现高精度、高鲁棒性的轨迹规划与跟踪控制？这一问题的解决，不仅关乎四旋翼无人机的任务执行能力，更直接决定了其能否真正成为未来智能化社会的“空中智能体”。

目前，四旋翼无人机自主化水平仍受限于三大核心挑战：

① 环境感知的实时性与鲁棒性：在无 GNSS 信号或动态障碍物干扰下，如何通过视觉、激光雷达等多模态传感器实现精准定位与地图构建？

② 轨迹规划的动态最优性：如何在满足动力学约束的同时，快速生成安全、平滑且能量最优的飞行轨迹？

③ 跟踪控制的抗干扰能力：面对风扰、负载变化等不确定性，如何设计低计算开销、高鲁棒性的跟踪控制器？

上述挑战的本质在于需将环境感知、规划与控制视为紧密耦合的有机整体。例如，定位精度直接影响地图质量，而地图的分辨率与表征形式又决定了轨迹规划的可行性；规划轨迹的光滑性则直接关联跟踪控制的稳定性。本书通过四部分内容逐层解析这一技术链条，并着重揭示各模块间的耦合机制与协同优化方法。

本书的写作初衷源于作者多年在无人机控制领域的研究与实践积累。在学术研究层面，四旋翼无人机系统的强非线性、欠驱动特性以及外部扰动敏感性，使其控制理论始终是自动控制领域的难点；在工程应用中，轨迹规划与跟踪控制的实时性、安全性与效率之间的平衡，则是制约无人机大规模落地的瓶颈。本书试图从理论推导、算法设计与工程实现三个维度，系统梳理四旋翼无人机的轨迹生成、优化与跟踪控制方法，为学术界与工业界的研究者提供兼具深度与实用性的参考框架。

本书主要分为四部分，遵循“基础建模→感知定位→轨迹生成→跟踪执行”的技术闭环。第一部分是四旋翼无人机建模及其性质，对应本书的第 2 章。作为全书的理论基石，该部分从占用空间建模与动力学建模两个维度切入：基于牛顿-欧拉方程推导六自由度非线性动力学模型，解析四旋翼无人机的欠驱动特性与输入输出耦合关系；通过微分平坦性理论证明系统状态的降维可行性，为后续轨迹规划与控制算法设计提供数学依据。第二部分是四旋翼无人机定位与地图构建，对应本书的第 3 章和第 4 章。该部分聚焦两大核心任务：对比视觉 SLAM、激光 SLAM 与多传感器融合的精度与适用场景，重点分析动态环境下的定位失效机理与抗干扰策略；解析占据栅格地图、欧氏符号距离场、点云语义地图等表征形式，探讨地图分辨率、更新频率与规划算法复杂度间的权衡关系。第三部分是四旋翼无人机轨迹规划，对应本书的第 5 章到第 7 章。该部分采用从路径搜索，到轨迹参数化，再到约束优化的三层递进架构：路径搜索部分涵盖基于搜索的算法、基于采样的算法，以及考虑动力学的方法，重点解决复杂环境下的初解快速生成问题；轨迹参数化部分分析多项式轨迹、B 样条曲线等多种常用轨迹类及其性质，建立轨迹参数与动力学约束的数学映射；约束优化部分构建包含安全性、平滑性与可行性的多目标优化模型，构建优化数学问题。第四部分为四旋翼无人机轨迹跟踪控制，对应本书的第 8 章和第 9 章，介绍和分析工业界最常用的闭式跟踪方法和科研领域热点研究的优化驱动方法。

本书主要面向无人机、无人系统、智能控制、多智能体系统、网络化控制等领域的研究人员，以及从事航空等行业的决策与控制工程师。

本书得到了国家自然科学重点项目（62333005，62433014）、面上基金（62273255）、青年基金（62403200）、博士后创新人才支持计划（BX20240115）、上海国际科技合作项目（22510712000）、中国博士后科学基金面上资助（2024M750905）、上海市超级博士后等项目的资助。特别感谢国家自然科学基金委和上海市科委、教委等长期以来的资助，同时也要感谢国内外学术界和工业界的同行们，正是与他们的有益交流，使笔者对四旋翼无人机领域相关问题的理解不断深入，并获得启发。同时要特别感谢笔者所在团队的老师和研究生团队成员的大力支持和帮助。

期待本书能成为连接理论研究者与工程师的桥梁，共同推动智能无人系统迈向更高层次的自主与可靠，并激发对下一代智能无人机技术的探索热情。由于作者水平有限，书中难免存在疏漏，恳请同行专家与读者不吝指正。

编著者

目录

CONTENTS

第1章 概述

无人机（UAV）技术的发展和普及是21世纪最引人瞩目的技术进步之一。从军事领域到民用市场，无人机凭借其高效性、灵活性和成本优势，在各行各业发挥了重要作用。

1.1 无人机应用领域

无人机在军事领域的应用最为广泛。现代军事无人机用于侦察、监视、通信中继和攻击等任务。例如，美军的“捕食者”无人机在多次军事行动中扮演了关键角色。近年来，伴随人工智能与自动化技术的进步，无人机在自主导航与目标识别能力方面取得了长足发展。新一代无人机不仅可以在复杂战场环境中执行高风险任务，还能通过数据链与其他军事装备协同作战，为战场态势感知提供实时支持。

随着技术的进步和成本的降低，民用领域开始探索无人机的潜力。无人机技术为精准农业提供了前所未有的可能性。利用搭载多光谱相机和传感器的无人机，农民可以快速获取大范围农田的数据，进行作物监测、病虫害防治、农药喷洒和播种等操作。相较于传统手段，无人机喷洒农药具有覆盖范围广、效率高和资源利用率高的优势，同时减少了农药对环境的负面影响。这种技术的普及正在推动农业从传统劳动密集型向智能化、数据驱动型转变。

近年来，随着电子商务和物流行业的快速发展，无人机正在成为“最后一公里”配送的革命性工具。亚马逊、京东、美团等企业已尝试通过无人机快速、低成本地将包裹送至客户手中。特别是在灾害发生或偏远地区，无人机可用于应急物资运输，例如药品、食品和救援设备的快速配送。这种能力在全球自然灾害频发的背景下显得尤为重要。

无人机也为环境监测和生态保护提供了新工具。其可用于监测森林火灾、追踪野生动物、评估自然灾害的影响以及气象观测。例如，通过无人机获取的高分辨率遥感数据，研究人员可以更精确地分析环境变化趋势，为生态保护决策提供依据。

此外，在公共安全领域，无人机被用于救援、安保和交通监控等任务。例如，在自然灾害或重大事故中，无人机可以快速到达灾害现场进行实时图像传输，为救援行动提供重要信息支持。同时，警务部门也广泛应用无人机进行大规模活动的秩序维护和违法行为监控。

1.2 四旋翼无人机优势及其智能自主性

在众多无人机类型中，四旋翼无人机凭借其独特的结构和性能，成为当前研究与应用的热点。四旋翼无人机以其高稳定性、灵活性和便捷的操控方式，广泛应用于低空任务和近地操作。相比固定翼等其他类型无人机，四旋翼无人机能够实现垂直起降和悬停，配合小巧的体型，其特别适合在狭窄空间和复杂环境中执行任务。

随着智能技术的融合，四旋翼无人机的自主能力得到了显著提升。现代四旋翼无人机装备了先进的传感器和导航系统，这使得其从原本的对飞手操控有重度依赖，逐渐演变成能够在极少或没有人为干预的情况下自主完成多项复杂的任务。这种自主性不仅增强了无人机执行任务的能力，也为未来的应用开辟了新的可能性。

如图 1-1 所示，一台具有自主执行任务能力的四旋翼无人机，应该同时具有感知定位、轨迹规划和轨迹跟踪控制三大功能。

① 感知定位为轨迹规划提供局部的环境信息和无人机当前的状态信息，在感知周围环境并建立地图的同时让四旋翼无人机明白自己在哪里；

② 轨迹规划则根据感知定位模块提供的信息，进行待执行轨迹的规划，让四旋翼无人机自主决策飞行的轨迹及对应的高阶状态信息；

③ 轨迹跟踪控制作为最底层，实现对轨迹规划所提供轨迹信息的跟踪，使得四旋翼无人机最终完成飞行。

最终，基于飞行过程中的里程计信息更新，整个感知定位-轨迹规划-轨迹跟踪控制过程不停地闭环迭代进行，直到四旋翼无人机完成任务目标。

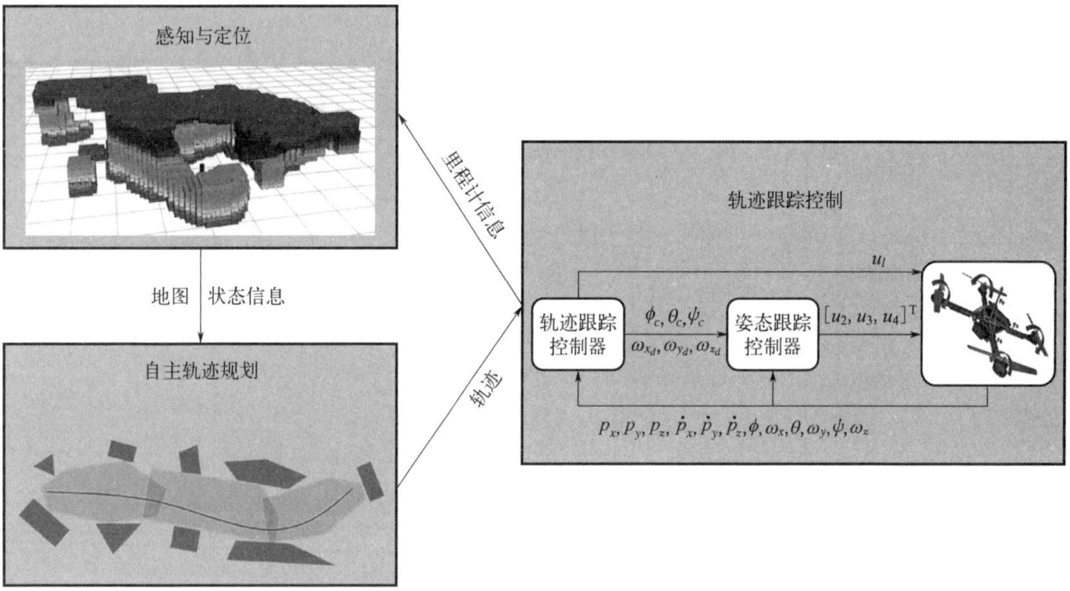

图 1-1　智能自主四旋翼无人机基本功能模块

第2章
四旋翼无人机建模

四旋翼无人机建模作为其运动控制、路径规划以及轨迹优化的基础，对于一个完整的四旋翼无人机决策-规划-控制系统来说至关重要。本章主要针对四旋翼无人机的占用空间建模、微分平坦下的四旋翼无人机动力学建模和旋翼阻力作用下的动力学建模展开讨论分析。

2.1　四旋翼无人机占用空间建模

在四旋翼无人机的路径规划与避障系统中，如何准确地表示无人机的占用空间至关重要。不同的占用空间模型不仅影响计算的复杂性，还直接决定了碰撞检测的精度和效率。传统的占用空间建模方法通常依赖于简化的几何形状，如球体、长方体等，以便于快速计算和实时反馈。然而，随着无人机形态的复杂化和应用场景的多样化，如何通过更为精确的建模方法来模拟无人机的三维占用空间，成为研究的一个关键问题。本节主要针对无人机的空间占用模型及其应用进行推导和介绍。

2.1.1　球体模型

球体模型是一种非常简洁的占用空间表示方法，它通过将无人机的占用空间近似为一个球体来进行建模[1]。这种方法的最大优点在于计算简便，特别适用于对计算效率要求较高但不需要极高精度的应用场景。其占用空间模型如图 2-1 所示。

图 2-1　球体占用空间模型

(1) 模型推导

假设无人机的几何中心位于机体坐标系的原点 O，并且无人机的占用空间被近似为一个半径为 r 的球体。建立无人机的占用空间为一个球体，其半径 r 表示无人机的最大尺寸。

在机体坐标系中，球体的占用空间可以通过以下不等式表示：

$$x_i^2+y_i^2+z_i^2\leqslant r^2 \tag{2-1}$$

式中，(x_i,y_i,z_i) 为机体坐标系中某一点的位置；r 为球体的半径。所有满足这一条件的点都在无人机的占用空间内。

（2）应用场景分析

球体模型适用于形状较为简单且对计算效率要求较高的场景，尤其是在进行粗略碰撞检测和快速路径规划时。在一些低精度的导航系统中，球体模型可有效减少计算负担，提供足够的空间约束。然而，对于那些形状较为复杂、需要高精度避障的场景，球体模型可能无法提供足够的准确度。

2.1.2 椭球体模型

椭球体模型是一种改进的占用空间表示方法，它通过将无人机的占用空间近似为一个椭球体来进行建模[2]。相比于球体模型，椭球体模型能够更准确地反映无人机在不同方向上的尺寸差异，特别是考虑到无人机在垂直方向上的下洗效应[3]（downwash effect）。这种方法在保持较高计算效率的同时，提供了更精确的空间表示，适用于需要较高避障精度的应用场景。其占用空间模型如图 2-2 所示。

图 2-2 椭球体占用空间模型

（1）模型推导

假设无人机的几何中心位于机体坐标系的原点 O，并且无人机的占用空间被近似为一个椭球体。椭球体的三个半轴长度分别为 a、b、c，分别对应无人机在 x、y、z 方向上的最大尺寸。下洗效应通过调整 c 值来考虑。

在机体坐标系中，椭球体的占用空间可以通过以下不等式表示：

$$\frac{x_i^2}{a^2}+\frac{y_i^2}{b^2}+\frac{z_i^2}{c^2}\leqslant 1 \tag{2-2}$$

式中，c 通过下洗效应系数 c_{dw} 进行调整，以反映无人机在垂直方向上的实际占用空间。下洗效应系数 c_{dw} 用于调整椭球体在垂直方向上的形状，以模拟无人机在垂直方向上的下洗效应。通常，矩阵 $\boldsymbol{E}$ 定义为：

$$\boldsymbol{E}=\operatorname{diag}\left(\left[1,1,\left(\frac{c_{dw}}{1}\right)^{2}\right]\right) \tag{2-3}$$

当 $c_{dw}=1$ 时，椭球体退化为球体；当 $c_{dw}>1$ 时，表示无人机在垂直方向上的占用空间减小；当 $c_{dw}<1$ 时，表示无人机在垂直方向上需要更大的安全距离。

(2) 应用场景分析

椭球体模型适用于形状较为规则且具有不同尺寸扩展的四旋翼无人机，特别是在需要较高空间表示精度的碰撞检测和路径规划中。

① 复杂环境导航：在密集或障碍物众多的环境中，椭球体模型能够更准确地反映无人机的实际占用空间，从而提高避障性能，减少碰撞风险。

② 多无人机协同飞行：在多无人机系统中，椭球体模型能够更精确地描述各无人机之间的空间关系，优化飞行路径，确保各无人机之间保持安全距离。

③ 动态避障系统：在动态环境中，椭球体模型能够实时调整下洗效应系数 c_{dw}，适应无人机姿态变化，提高避障系统的响应速度和准确性。

椭球体模型的计算复杂度高于球体模型，特别是在动态环境中实时更新椭球体参数时，需要更多的计算资源。因此，在选择占用空间模型时，需要在计算效率和空间表示精度之间进行权衡。椭球体模型在需要较高避障精度且计算资源允许的应用场景中，提供了一个有效的解决方案。

2.1.3 长方体模型

与球体模型相比，长方体模型能够更好地模拟那些形状较为规则的无人机，尤其是当无人机的外形接近矩形或长方体时。它通过将无人机的占用空间表示为一个长方体，能够更精确地描述无人机的实际尺寸。其占用空间模型如图 2-3 所示。

图 2-3　长方体占用空间模型

(1) 模型推导

假设无人机的占用空间为一个长方体，机体坐标系的原点 O 位于长方体的中心。长方体的长、宽和高分别为 l、w、h。在机体坐标系中，长方体的占用空间可以通过以下不等式表示：

$$|x_i|\leqslant\frac{l}{2},\quad |y_i|\leqslant\frac{w}{2},\quad |z_i|\leqslant\frac{h}{2} \tag{2-4}$$

(2) 应用场景分析

长方体模型适用于那些形状规则、较为对称的无人机，尤其是当无人机的结构接近矩形或立方体时。这种模型比球体模型更精确地模拟了无人机的占用空间，适用于对精度有一定要求的碰撞检测与路径规划场景。相比于球体模型，长方体模型能够更好地适应无人机的实际尺寸，但它仍然无法处理更加复杂的形状。

2.1.4 体素模型

体素模型将三维空间划分为多个小的立方体单元（体素），每个体素代表空间中的一个小块。这些体素可以组成复杂的几何形状，从而精确地表示无人机的占用空间。

(1) 模型推导

体素模型通过将空间划分为小的立方体单元来表示无人机的占用空间。每个体素的大小为（$\Delta x\times\Delta y\times\Delta z$），而每个体素的位置（$x_i, y_i, z_i$）在机体坐标系中有一个占用状态。占用状态可以表示为 1（表示体素被占用）或 0（表示体素未被占用）。

体素模型的表示为：

$$V(x_i,y_i,z_i)=\begin{cases}1, & (x_i,y_i,z_i)\text{被占用}\\0, & (x_i,y_i,z_i)\text{未被占用}\end{cases} \tag{2-5}$$

(2) 应用场景分析

体素模型在需要高精度建模的场景中尤为有效。它能够通过细粒度的空间分割，精确地表示复杂形状的占用空间。体素模型适用于高精度的路径规划、碰撞检测及三维建模等应用，特别是在无人机的三维建模和模拟中被广泛应用。

2.1.5 凸多面体模型

凸多面体模型通过将无人机的外形表示为一个由多个平面组成的多面体，从而精确地模拟无人机的占用空间[4]。它能够处理更为复杂、异形的无人机建模，尤其适用于不规则形状的四旋翼无人机。其占用空间模型如图 2-4 所示。

图 2-4　凸多面体占用空间模型

(1) 模型推导

在机体坐标系中，假设无人机的占用空间是一个凸多面体。每个顶点的坐标相对于机体坐标系给定。通过旋转矩阵 $\boldsymbol{R}(t)$ 来描述无人机的姿态，可以将每个顶点从机体坐标系转换到世界坐标系。

第 i 个顶点的位置 $\boldsymbol{v}_i(t)$ 可以通过以下公式计算：

$$\boldsymbol{v}_i(t)=\boldsymbol{R}(t)\boldsymbol{q}_{i,v}+x(t) \tag{2-6}$$

式中，$\boldsymbol{v}_i(t)$ 是顶点 i 在世界坐标系中的位置；$\boldsymbol{R}(t)$ 是旋转矩阵，描述了无人机在时间 t 时的姿态；$\boldsymbol{q}_{i,v}$ 是无人机机体坐标系中第 i 个顶点的坐标。

(2) 应用场景分析

凸多面体模型非常适合用来精确地表示复杂和不规则形状的无人机，特别是四旋翼无人机，其形状通常较为复杂，具有多个部件和对称性较差的外形。凸多面体模型通过顶点和面的定义，能够准确地表示无人机的占用空间，适用于高精度的路径规划和碰撞检测。

2.2 微分平坦下的四旋翼无人机动力学建模

2.2.1 四旋翼无人机的非线性动力学模型

四旋翼无人机的非线性动力学模型通过简化的假设与合理的物理约束来描述飞行器的运动行为，旨在为后续的控制和路径规划提供理论基础。本节详细介绍了该模型的基本构建，包括假设条件、坐标系定义（图 2-5）、状态变量与控制输入的关系，并通过牛顿-欧拉方程来描述四旋翼无人机的运动[5,6]。在本节该模型主要考虑了无人机的平移运动和旋转运动，不考虑空气动力学带来的复杂影响。

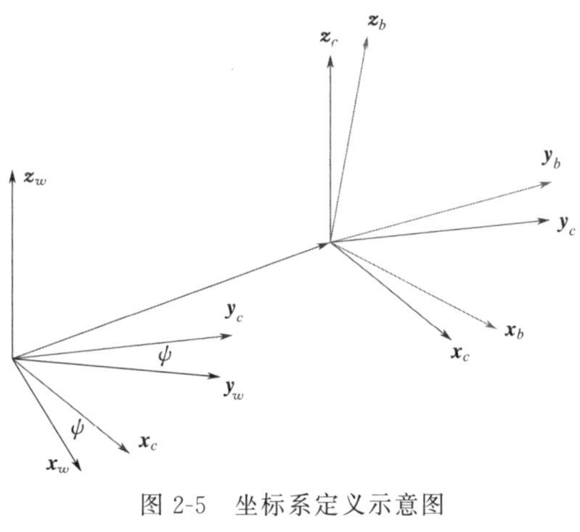

图 2-5　坐标系定义示意图

(1) 假设与坐标系定义

为了简化四旋翼无人机的动力学建模，以下假设被应用：

刚体假设：假定四旋翼无人机为刚体，且机体坐标系原点与质心重合，机体运动与质心运动一致。

质量恒定：假定四旋翼无人机的质量在飞行过程中保持不变。

受力简化：飞行时，四旋翼无人机受到重力和螺旋桨升力的作用。重力沿世界坐标系 z_w 轴负方向作用，螺旋桨升力沿机体坐标系 z_b 轴正方向作用。

定义了如下坐标系：

世界坐标系：($\boldsymbol{O}_w, \boldsymbol{x}_w, \boldsymbol{y}_w, \boldsymbol{z}_w$) 用于描述无人机的位置和飞行轨迹。

机体坐标系：($\boldsymbol{O}_b, \boldsymbol{x}_b, \boldsymbol{y}_b, \boldsymbol{z}_b$) 固定在四旋翼无人机机体上，以无人机质心坐标为原点，描述其姿态和旋转状态。

(2) 状态变量与控制输入

四旋翼无人机的状态由以下变量组成：

位置：$\boldsymbol{p}=(p_x, p_y, p_z)^{\mathrm{T}} \in \mathbb{R}^3$，表示质心相对于世界坐标系的平移矢量。

速度：$\dot{\boldsymbol{p}}=(v_x, v_y, v_z)^{\mathrm{T}} \in \mathbb{R}^3$，表示质心的速度矢量。

姿态：$\boldsymbol{R} \in SO(3)$，表示机体坐标系相对于世界坐标系的旋转矩阵，采用 Z-X-Y 欧拉角转序表示。

定义横滚角、俯仰角和偏航角为 (ϕ, θ, ψ)，机器人的角速度用 $\boldsymbol{\omega}_{bw}$ 表示，其分量在机体坐标系中为 ω_x，ω_y，ω_z：

$$\boldsymbol{\omega}_{bw}=\boldsymbol{\omega}_x \boldsymbol{x}_b+\boldsymbol{\omega}_y \boldsymbol{y}_b+\boldsymbol{\omega}_y \boldsymbol{z}_b \tag{2-7}$$

控制输入：u_1 为总推力，即四个电机产生的合成推力；u_2，u_3，u_4 为横滚、俯仰和偏航三轴的合外力矩。

已知每个旋翼都有一个角速度 ω_i，并根据式(2-8) 产生力 F_i 和力矩 M_i：

$$F_i=k_F \omega_i^2, \quad M_i=k_M \omega_i^2 \tag{2-8}$$

式中，k_F 和 k_M 分别是推力系数和力矩系数。进而，系统的控制输入包括 u_1，u_2，u_3，u_4，可以根据旋翼速度表示为：

$$\begin{bmatrix} u_1 \\ u_2 \\ u_3 \\ u_4 \end{bmatrix}=\begin{bmatrix} k_F & k_F & k_F & k_F \\ 0 & k_F L & 0 & -k_F L \\ -k_F L & 0 & k_F L & 0 \\ k_M & -k_M & k_M & -k_M \end{bmatrix}\begin{bmatrix} \omega_1^2 \\ \omega_2^2 \\ \omega_3^2 \\ \omega_4^2 \end{bmatrix} \tag{2-9}$$

式中，L 是从旋翼到无人机质心的距离。

(3) 牛顿-欧拉方程

四旋翼无人机的动力学模型通过牛顿-欧拉方程来描述，包括平移动力学和旋转动力学。

① 平移动力学方程：

四旋翼无人机的平移运动由以下方程描述：

$$m\ddot{\boldsymbol{p}}=m\boldsymbol{g}+\boldsymbol{R}\boldsymbol{e}_3 f \tag{2-10}$$

式中，m 是无人机的质量；$\boldsymbol{g}$ 是重力加速度向量 $\boldsymbol{g}=(0,0,-9.81)^{\mathrm{T}}$ m/s^2；$\boldsymbol{e}_3=(0,0,1)^{\mathrm{T}}$ 是沿世界坐标系 $\boldsymbol{z}_w$ 轴的单位向量；$u_1=f$ 是四个旋翼产生的合推力。

② 旋转动力学方程：

旋转动力学方程描述了四旋翼无人机的角速度变化，其形式为：

$$\dot{\boldsymbol{\omega}}_{bw}=\boldsymbol{I}^{-1}\left[-\boldsymbol{\omega}_{bw}\times\boldsymbol{I}\boldsymbol{\omega}_{bw}+\begin{bmatrix}u_2\\u_3\\u_4\end{bmatrix}\right] \tag{2-11}$$

式中，$\boldsymbol{I}$ 是相对于质心沿 $\boldsymbol{O}_b-\boldsymbol{Y}_b-\boldsymbol{Z}_b$ 轴的惯性矩阵。系统的状态由质心的位置和速度以及方向和角速度给出：

$$\boldsymbol{x}=[p_x,p_y,p_z,\phi,\theta,\psi,v_x,v_y,v_z,\omega_x,\omega_y,\omega_z]^{\mathrm{T}} \tag{2-12}$$

2.2.2　四旋翼无人机的微分平坦变化

考虑到四旋翼无人机动力学系统模型 $\dot{\boldsymbol{x}}=f(\boldsymbol{x})+g(\boldsymbol{x})\boldsymbol{u}$ 的非线性，直接使用该模型的每一个状态变量和控制输入进行规划会使无人机的轨迹规划问题求解过程变得异常复杂。一个通用的解决方法是将无人机的运动规划模块和运动控制模块解耦，先利用四旋翼无人机的微分平坦性质在平坦空间内进行轨迹规划，接着再由平坦输出恢复无人机原本的状态变量和控制输入从而进行下一步的轨迹跟踪控制[7]。微分平坦[8,9]性质可以简化无人机非线性模型的约束，通过选择合理的平坦输出从而达到对系统进行有效降维的目的。因此，在解决四旋翼无人机轨迹规划问题时，仅需要考虑对选定的平坦输出进行规划。

对于四旋翼无人机的微分平坦特性已经有很广泛的研究[10,11]，同时其平坦输出被证明具有显著的物理意义，且和一般运动规划所考虑的参数空间高度重合，如图 2-6 所示。无人机系统状态为 $\boldsymbol{x}=[p_x,p_y,p_z,\phi,\theta,\psi,v_x,v_y,v_z,\omega_x,\omega_y,\omega_z]^{\mathrm{T}}$，控制输入为 $\boldsymbol{u}=(u_1,u_2,u_3,u_4)^{\mathrm{T}}=(f,\tau_x,\tau_y,\tau_z)^{\mathrm{T}}$，式中 $\boldsymbol{p}$ 为无人机质心位置，(ϕ,θ,ψ) 为无人机相对于世界坐标系的姿态角度，ω_x，ω_y，ω_z 为无人机旋转角速度，f 为无人机推力，(τ_x,τ_y,τ_z) 表示无人机三轴力矩。一个微分平坦的动力学系统必定存在一组由状态 $\boldsymbol{x}$ 和控制 $\boldsymbol{u}$ 的有限阶导数唯一决定的平坦输出。针对四旋翼无人机，其平坦输出可以写为$\boldsymbol{\sigma}=(p_x,p_y,p_z,\psi)^{\mathrm{T}}$。

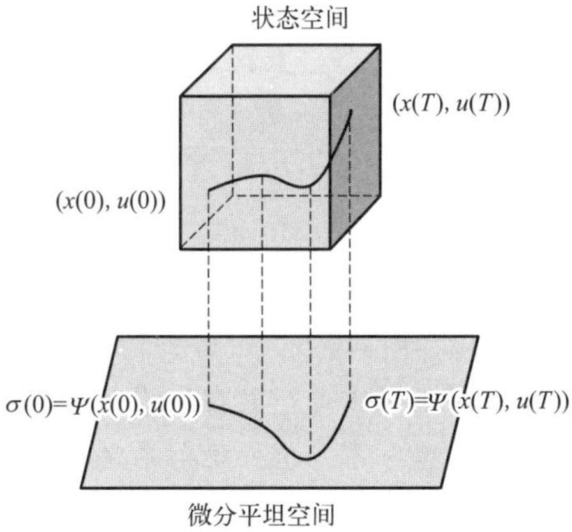

图 2-6　微分平坦变换示意图

已知四旋翼无人机的位置、速度和加速度与平坦输出及其导数之间存在非常直接的关系。通过对平坦输出进行微分，进而可以逐步推导出状态变量。这一过程不需要对原始的非线性动力学模型进行积分，从而极大地简化了系统的求解。

位置：平坦输出中的位置部分直接给出了四旋翼无人机在世界坐标系中的位置。选取的平坦输出包含了四旋翼无人机质心在世界坐标系中的位置分量：$\boldsymbol{\sigma}=(p_x,p_y,p_z,\psi)^{\mathrm{T}}$。式中，$p_x$、$p_y$ 和 p_z 分别表示四旋翼无人机质心在世界坐标系中 x、y 和 z 方向上的位置。因此，四旋翼无人机的位置向量 $\boldsymbol{p}=[p_x,p_y,p_z]^{\mathrm{T}}$ 即为平坦输出中的前三个分量：$p_x=\sigma_1$，$p_y=\sigma_2$，$p_z=\sigma_3$。

速度：四旋翼无人机的速度是位置相对于时间的导数，表示四旋翼无人机质心在三维空间中的速率。根据平坦输出的定义，四旋翼无人机的速度向量 $\dot{\boldsymbol{p}}=[\dot{p}_x,\dot{p}_y,\dot{p}_z]^{\mathrm{T}}$ 就是位置向量 $\boldsymbol{p}$ 关于时间的导数；无人机的速度就是平坦输出 $\boldsymbol{\sigma}=(p_x,p_y,p_z,\psi)^{\mathrm{T}}$ 的一阶导数：$\dot{\boldsymbol{p}}=[\dot{\sigma}_1,\dot{\sigma}_2,\dot{\sigma}_3]^{\mathrm{T}}$。

加速度：四旋翼无人机的加速度是速度相对于时间的导数，表示四旋翼无人机在三维空间中的加速状态。由于速度是位置的一阶导数，因此四旋翼无人机的加速度 $\ddot{\boldsymbol{p}}=[\ddot{p}_x,\ddot{p}_y,\ddot{p}_z]^{\mathrm{T}}$ 就是位置的二阶导数，即加速度向量 $\ddot{\boldsymbol{p}}$ 就是平坦输出位置部分的二阶导数：$\ddot{\boldsymbol{p}}=[\ddot{\sigma}_1,\ddot{\sigma}_2,\ddot{\sigma}_3]^{\mathrm{T}}$。通过平坦输出的二阶导数，可以推导出与姿态相关的信息，如角速度、偏航角等。

加速度向量推导：无人机的加速度方向向量 $\boldsymbol{z}_b$ 可以通过一个组合加速度和重力加速度的向量来得到。假设平坦输出的加速度分量为 $\ddot{\sigma}_1$，$\ddot{\sigma}_2$，$\ddot{\sigma}_3$，那么可以定义一个包含重力加速度 $\boldsymbol{g}$ 的向量 $\boldsymbol{t}$：

$$\boldsymbol{t}=\begin{bmatrix}\ddot{\sigma}_1\\ \ddot{\sigma}_2\\ \ddot{\sigma}_3\end{bmatrix}+\boldsymbol{g} \tag{2-13}$$

式中，$\boldsymbol{g}$ 为重力加速度。根据该向量，加速度向量 $\boldsymbol{z}_b$ 可以通过对 $\boldsymbol{t}$ 进行单位化得到：

$$\boldsymbol{z}_b=\frac{\boldsymbol{t}}{\|\boldsymbol{t}\|} \tag{2-14}$$

式中，$\|\boldsymbol{t}\|$表示向量 $\boldsymbol{t}$ 的模长。

偏航向量定义：为了进一步描述姿态，重新定义偏航向量。根据 Z-X-Y 欧拉角的定义，偏航向量$\boldsymbol{x}_c$ 可表示为：

$$\boldsymbol{x}_c=\begin{bmatrix}\cos(\sigma_4)\\ \sin(\sigma_4)\\ 0\end{bmatrix} \tag{2-15}$$

式中，$\sigma_4=\psi$ 表示偏航角，该偏航向量$\boldsymbol{x}_c$ 如图 2-5 所示。

姿态描述：四旋翼无人机的姿态可以通过其在三维空间中的位置和方向来描述。具体来说，姿态描述依赖于无人机机体坐标系与世界坐标系之间的旋转关系。参考图 2-5 坐标系定义示意图，以下详细介绍坐标系中单位向量的计算方法与旋转矩阵的构建步骤。

- $\boldsymbol{y}_b$ 单位向量计算：在机体坐标系中，y 轴的单位向量$\boldsymbol{y}_b$ 可以通过机体坐标系下的

z 轴单位向量 $\boldsymbol{z}_b$ 和偏航方向向量$\boldsymbol{x}_c$ 进行叉乘计算得到。其计算公式为：

$$\boldsymbol{y}_b=\frac{\boldsymbol{z}_b\times\boldsymbol{x}_c}{\|\boldsymbol{z}_b\times\boldsymbol{x}_c\|} \tag{2-16}$$

- $\boldsymbol{x}_b$ 单位向量计算：机体坐标系下的 x 轴单位向量$\boldsymbol{x}_b$ 可以通过$\boldsymbol{y}_b$ 和 $\boldsymbol{z}_b$ 的叉乘计算得到。

$$\boldsymbol{x}_b=\boldsymbol{y}_b\times\boldsymbol{z}_b \tag{2-17}$$

- 旋转矩阵 $\boldsymbol{R}$ 由$\boldsymbol{x}_b$、$\boldsymbol{y}_b$ 和 $\boldsymbol{z}_b$ 组成，表示机体坐标系与世界坐标系之间的旋转关系：

$$\boldsymbol{R}=\begin{bmatrix}\boldsymbol{x}_b & \boldsymbol{y}_b & \boldsymbol{z}_b\end{bmatrix} \tag{2-18}$$

角速度的推导：首先，根据四旋翼无人机动力学方程（牛顿方程），求其一阶导数，得到加速度变化率 $\dot{\boldsymbol{a}}$。

$$m\dot{\boldsymbol{a}}=\dot{u}_1\boldsymbol{z}_b+\boldsymbol{\omega}_{bw}\times u_1\boldsymbol{z}_b \tag{2-19}$$

沿 $\boldsymbol{z}_b$ 方向投影，可以得到如下关系：

$$\dot{u}_1=\boldsymbol{z}_b\cdot m\dot{\boldsymbol{a}} \tag{2-20}$$

通过将式(2-20) 代入式(2-19)，定义新向量：

$$\boldsymbol{h}_\omega=m(\dot{u}_1-(\boldsymbol{z}_b\cdot\dot{a})\boldsymbol{z}_b) \tag{2-21}$$

式中，$\boldsymbol{h}_\omega$ 表示与加速度和控制输入 u_1 相关的角速度。

通过进一步分析，可以推导得出无人机角速度在机体坐标系下的三个分量。已知机体坐标系下的角速度分量分别为 ω_x、ω_y 和 ω_z，其中

$$\omega_x=-\boldsymbol{h}_\omega\cdot\boldsymbol{y}_b,\quad \omega_y=\boldsymbol{h}_\omega\cdot\boldsymbol{x}_b \tag{2-22}$$

此外，角速度的 z 轴分量 ω_z 可以通过以下方式表示：

$$\omega_z=\omega_{cw}\cdot\boldsymbol{z}_b=\dot{\psi}\boldsymbol{z}_w\cdot\boldsymbol{z}_b \tag{2-23}$$

式中，ω_{cw} 是无人机在世界坐标系下的角速度；$\dot{\psi}$ 是偏航角的变化率；$\boldsymbol{z}_w$ 是世界坐标系下的单位向量。

角加速度的推导：为了计算无人机的角加速度 $\dot{\boldsymbol{\omega}}_{bw}=\boldsymbol{\alpha}_{bw}$，首先根据二阶导数的计算方法来推导出沿$\boldsymbol{x}_b$ 和$\boldsymbol{y}_b$ 方向的角加速度分量。利用以下关系，可以找到 $\boldsymbol{\alpha}_{bw}$ 沿 $\boldsymbol{z}_b$ 方向的分量：

$$\boldsymbol{\alpha}_{bw}=\boldsymbol{\alpha}_{bc}+\boldsymbol{\omega}_{cw}\times\boldsymbol{\omega}_{bc}+\boldsymbol{\alpha}_{cw} \tag{2-24}$$

式中，给定 $\boldsymbol{\alpha}_{bc}\cdot\boldsymbol{z}_b=0$，且 $\boldsymbol{z}_b\cdot\boldsymbol{\omega}_{cw}\times\boldsymbol{\omega}_{bc}=0$，进而推导出 $\boldsymbol{\alpha}_{bw}\cdot\boldsymbol{z}_b=\boldsymbol{\alpha}_{cw}\cdot\boldsymbol{z}_b=\ddot{\psi}\boldsymbol{z}_w\cdot\boldsymbol{z}_b$。基于以上推导，最终得出总推力 $u_1=m\ddot{\boldsymbol{t}}$，式中 $\boldsymbol{t}$ 是无人机的加速度矢量。此外，给定角速度和角加速度是平坦输出及其导数的函数，使用旋转动力学方程来计算控制输入 u_2、u_3 和 u_4。

$$\begin{bmatrix}u_2\\u_3\\u_4\end{bmatrix}=\boldsymbol{I}\dot{\boldsymbol{\omega}}_{bw}+\boldsymbol{\omega}_{bw}\times\boldsymbol{I}\boldsymbol{\omega}_{bw} \tag{2-25}$$

最后，利用上述推导，可以计算所需的旋翼速度，以实现期望的控制输入 $\boldsymbol{u}$。这通常通过对转速和输入关系式进行线性化，然后进行逆运算来实现。此外，非线性控制方法提供了两个显著特点：首先，姿态误差不再基于欧拉角，避免了欧拉角包含奇异性；其次，

所需的力被有效地投影到无人机实际的机体 $\boldsymbol{z}_b$ 轴上。

至此，通过平坦输出 σ 及其有限阶导数便可表示系统所有的状态变量及其控制输入，即证明了四旋翼无人机的微分平坦性质。同时 $\boldsymbol{x}$ 和 $\boldsymbol{u}$ 也可以被该平坦输出及其有限阶导数参数化：

$$\begin{aligned} \boldsymbol{x} &= \Psi_x(\boldsymbol{\sigma}, \dot{\boldsymbol{\sigma}}, \cdots, \boldsymbol{\sigma}^{(s-1)}), \\ \boldsymbol{u} &= \Psi_u(\boldsymbol{\sigma}, \dot{\boldsymbol{\sigma}}, \cdots, \boldsymbol{\sigma}^{(s)}), \end{aligned} \tag{2-26}$$

平坦变换 Ψ_x 和 Ψ_u 的解析形式可以通过以上证明推导得出。

2.3 考虑旋翼阻力的四旋翼无人机动力学建模

2.3.1 旋翼阻力作用下的四旋翼无人机非线性模型

在本节中，考虑了一个在旋翼阻力作用下的四旋翼无人机非线性动力学模型，该模型充分考虑了旋翼阻力的影响[12,13]。为了简化分析，假设无人机不存在其他扰动，且螺旋桨为刚性[14]。此外，旋翼的阻力与推力无关。基于这些假设，结合 2.2.1 小节中的无人机非线性模型，构建旋翼阻力作用下的四旋翼无人机非线性动力学模型，如下所示。

平移运动方程：

$$\dot{\boldsymbol{v}} = -g\boldsymbol{z}_w + u_1\boldsymbol{z}_b - \boldsymbol{R}\boldsymbol{D}\boldsymbol{R}^{\mathrm{T}}\boldsymbol{v} \tag{2-27}$$

式中，$-g\boldsymbol{z}_w$ 表示重力加速度在垂直方向 $\boldsymbol{z}_w$ 轴上的分量；$u_1\boldsymbol{z}_b$ 表示总推力在机体坐标系中的 $\boldsymbol{z}_b$ 轴方向上的分量；$\boldsymbol{R}\boldsymbol{D}\boldsymbol{R}^{\mathrm{T}}\boldsymbol{v}$ 表示旋翼阻力对速度的影响；$\boldsymbol{R}$ 是旋转矩阵；$\boldsymbol{D}=\begin{bmatrix} d_x & 0 & 0 \\ 0 & d_y & 0 \\ 0 & 0 & d_z \end{bmatrix}$是旋翼阻力系数的对角矩阵。该方程描述了四旋翼无人机的速度 $\boldsymbol{v}$ 随时间的变化。

旋转运动方程：

$$\dot{\boldsymbol{\omega}}_{bw} = \boldsymbol{I}^{-1}(\tau - \boldsymbol{\omega}_{bw} \times \boldsymbol{I}\boldsymbol{\omega}_{bw} - \boldsymbol{\tau}_g - \boldsymbol{A}\boldsymbol{R}^{\mathrm{T}}\boldsymbol{v} - \boldsymbol{B}\boldsymbol{\omega}_{bw}) \tag{2-28}$$

式中，$\boldsymbol{I}^{-1}$ 是惯性矩阵 $\boldsymbol{I}$ 的逆矩阵；τ 是三轴合外力矩；$\boldsymbol{\omega}_{bw} \times \boldsymbol{I}\boldsymbol{\omega}_{bw}$ 是角速度的平方项；$\boldsymbol{\tau}_g$ 是陀螺力矩；$\boldsymbol{A}\boldsymbol{R}^{\mathrm{T}}\boldsymbol{v}$ 和 $\boldsymbol{B}\boldsymbol{\omega}_{bw}$ 分别表示旋翼阻力对角速度的影响。该方程描述了四旋翼无人机的角速度 $\boldsymbol{\omega}_{bw}$ 随时间的变化。

推力模型：

$$u_1 = u_{1,cmd} + k_h\boldsymbol{v}_h^2 \tag{2-29}$$

式中，$u_{1,cmd}$ 是控制输入命令的总推力；k_h 是一个常数；$\boldsymbol{v}_h = \boldsymbol{v}^{\mathrm{T}}(\boldsymbol{x}_b + \boldsymbol{y}_b)$是水平方向上的速度分量 $\boldsymbol{x}_b$ 和 $\boldsymbol{y}_b$ 轴方向的组合。该方程提供了一个考虑旋翼阻力的推力模型。这个模型考虑了推力与速度的平方成正比的二次关系，反映了在高速飞行时旋翼阻力对推力的影响。

2.3.2 旋翼阻力作用下的四旋翼无人机微分平坦线性变换

本节中，将在考虑旋翼阻力的情况下，证明四旋翼无人机的扩展动力学模型依然保持微分平坦性，与2.2节类似，选择四旋翼无人机的位置 $\boldsymbol{p}$ 和航向角 ψ 作为平坦输出[15]。

姿态和推力推导：通过对平移运动方程展开，得到式(2-30)。

$$u_1\boldsymbol{z}_b-(d_x\boldsymbol{x}_b^{\mathrm{T}}\boldsymbol{v})\boldsymbol{x}_b-(d_y\boldsymbol{y}_b^{\mathrm{T}}\boldsymbol{v})\boldsymbol{y}_b-(d_z\boldsymbol{z}_b^{\mathrm{T}}\boldsymbol{v})\boldsymbol{z}_b-\boldsymbol{a}-g\boldsymbol{z}_w=0 \tag{2-30}$$

定义 $\boldsymbol{\alpha}=\boldsymbol{a}+g\boldsymbol{z}_w+d_x\boldsymbol{v}$，$\boldsymbol{\beta}=\boldsymbol{a}+g\boldsymbol{z}_w+d_y\boldsymbol{v}$，对式(2-30) 依次左乘$\boldsymbol{x}_b^{\mathrm{T}}$ 和$\boldsymbol{y}_b^{\mathrm{T}}$，可以推导出

$$\begin{aligned}\boldsymbol{x}_b^{\mathrm{T}}\boldsymbol{\alpha}&=0\\ \boldsymbol{y}_b^{\mathrm{T}}\boldsymbol{\beta}&=0\end{aligned} \tag{2-31}$$

为了确保参考航向 ψ 的一致性，要求四旋翼无人机的$\boldsymbol{x}_b$ 轴在 O_w—X_w—Y_w 平面上的投影与$\boldsymbol{x}_c$ 共线，式中$\boldsymbol{x}_c$ 和$\boldsymbol{y}_c$ 分别定义为

$$\boldsymbol{x}_c=\begin{bmatrix}\cos(\sigma_4)\\ \sin(\sigma_4)\\ 0\end{bmatrix},\boldsymbol{y}_c=\begin{bmatrix}-\sin(\sigma_4)\\ \cos(\sigma_4)\\ 0\end{bmatrix} \tag{2-32}$$

基于式(2-31) 以及单位长度和正交的约束条件，可以用以下表达式重构$\boldsymbol{R}=[\boldsymbol{x}_b\quad \boldsymbol{y}_b\quad \boldsymbol{z}_b]$：

$$\begin{aligned}\boldsymbol{x}_b&=\frac{\boldsymbol{y}_c\times\boldsymbol{\alpha}}{\|\boldsymbol{y}_c\times\boldsymbol{\alpha}\|}\\ \boldsymbol{y}_b&=\frac{\boldsymbol{\beta}\times\boldsymbol{x}_b}{\|\boldsymbol{\beta}\times\boldsymbol{x}_b\|}\\ \boldsymbol{z}_b&=\boldsymbol{x}_b\times\boldsymbol{y}_b\end{aligned} \tag{2-33}$$

推力 u_1 可以通过式(2-30) 和 $\boldsymbol{z}_b$ 计算得到

$$u_1=\boldsymbol{z}_b^{\mathrm{T}}(\boldsymbol{a}+g\boldsymbol{z}_w+d_z\boldsymbol{v}) \tag{2-34}$$

因此，推力输入 $u_{1,cmd}$ 可以表示为平坦输出的函数：

$$u_{1,cmd}=u_1-k_h\left[\boldsymbol{v}^{\mathrm{T}}(\boldsymbol{x}_b+\boldsymbol{y}_b)\right]^2 \tag{2-35}$$

角速度推导：通过对平移运动方程求导，得到式(2-36)。

$$\boldsymbol{j}=\dot{u}_1\boldsymbol{z}_b+u_1\boldsymbol{R}\widehat{\boldsymbol{\omega}}_{bw}\boldsymbol{e}_z-\boldsymbol{R}((\widehat{\boldsymbol{\omega}}\boldsymbol{D}+\boldsymbol{D}\widehat{\boldsymbol{\omega}}^{\mathrm{T}})\boldsymbol{R}^{\mathrm{T}}\boldsymbol{v}+D\boldsymbol{R}^{\mathrm{T}}\boldsymbol{a}) \tag{2-36}$$

分别对方程式(2-36) 依次左乘以$\boldsymbol{x}_b^{\mathrm{T}}$ 和$\boldsymbol{y}_b^{\mathrm{T}}$，可以推导出

$$\begin{aligned}&\omega_y(u_1-(d_z-d_x)\boldsymbol{z}_b^{\mathrm{T}}\boldsymbol{v})-\omega_z(d_x-d_y)\boldsymbol{y}_b^{\mathrm{T}}\boldsymbol{v}=\boldsymbol{x}_b^{\mathrm{T}}\boldsymbol{j}+d_x\boldsymbol{x}_b^{\mathrm{T}}\boldsymbol{a}\\ &\omega_x(u_1+(d_y-d_z)\boldsymbol{z}_b^{\mathrm{T}}\boldsymbol{v})+\omega_z(d_x-d_y)\boldsymbol{x}_b^{\mathrm{T}}\boldsymbol{v}=-\boldsymbol{y}_b^{\mathrm{T}}\boldsymbol{j}-d_y\boldsymbol{y}_b^{\mathrm{T}}\boldsymbol{a}\end{aligned} \tag{2-37}$$

为了获得关于机体速率的更多约束条件，将旋转运动方程沿$\boldsymbol{y}_b$ 方向投影，得到

$$\omega_z=\boldsymbol{y}_b^{\mathrm{T}}\dot{\boldsymbol{x}}_b \tag{2-38}$$

由于$\boldsymbol{x}_b$ 垂直于$\boldsymbol{y}_c$ 和 $\boldsymbol{z}_b$，定义$\widetilde{\boldsymbol{x}}_b=\boldsymbol{y}_c\times\boldsymbol{z}_b$，推导可得$\boldsymbol{x}_b=\dfrac{\widetilde{\boldsymbol{x}}_b}{\|\widetilde{\boldsymbol{x}}_b\|}$，对其求导得到

$$\dot{\boldsymbol{x}}_b=\frac{\dot{\tilde{\boldsymbol{x}}}_b}{\|\tilde{\boldsymbol{x}}_b\|}-\frac{\tilde{\boldsymbol{x}}_b\tilde{\boldsymbol{x}}_b^{\mathrm{T}}\dot{\tilde{\boldsymbol{x}}}_b}{\|\tilde{\boldsymbol{x}}_b\|^3} \tag{2-39}$$

同时，将$\boldsymbol{x}_b=\frac{\tilde{\boldsymbol{x}}_b}{\|\tilde{\boldsymbol{x}}_b\|}$代入式(2-36)，推导得出 $\omega_z=\frac{\boldsymbol{y}_b^{\mathrm{T}}\dot{\tilde{\boldsymbol{x}}}_b}{\|\tilde{\boldsymbol{x}}_b\|}$。对向量$\tilde{\boldsymbol{x}}_b$求导得：$\dot{\tilde{\boldsymbol{x}}}_b=\dot{\boldsymbol{y}}_c\times\boldsymbol{z}_b+\boldsymbol{y}_c\times\dot{\boldsymbol{z}}_b=[-\dot{\psi}\boldsymbol{x}_c]\times\boldsymbol{z}_b+\boldsymbol{y}_c\times(\omega_y\boldsymbol{x}_b-\omega_x\boldsymbol{y}_b)$。通过代入公式$\boldsymbol{x}_b=\frac{\tilde{\boldsymbol{x}}_b}{\|\tilde{\boldsymbol{x}}_b\|}$、$\omega_z=\frac{\boldsymbol{y}_b^{\mathrm{T}}\dot{\tilde{\boldsymbol{x}}}_b}{\|\tilde{\boldsymbol{x}}_b\|}$和向量三重积公式，可以得到

$$\omega_z=\frac{1}{\|\boldsymbol{y}_c\times\boldsymbol{z}_b\|}(\dot{\psi}\boldsymbol{x}_c^{\mathrm{T}}\boldsymbol{x}_b+\omega_y\boldsymbol{y}_c^{\mathrm{T}}\boldsymbol{z}_b) \tag{2-40}$$

至此，完成无人机角速度的微分平坦量及其高阶导的推导。

角加速度推导：为进一步求解无人机角加速度，采用直接对角速度求一阶导数的方式，同时进一步结合 $\boldsymbol{p}^{(4)}$ 和 $\psi^{(2)}$ 的信息可以直接计算出角加速度 $\dot{\boldsymbol{\omega}}_{bw}$。根据无人机旋转运动方程，将无人机速度、姿态、角速度和角加速度代入，求解得到无人机三轴力矩 $[u_2,u_3,u_4]^{\mathrm{T}}$。

基于以上对于无人机状态和输入的平坦变量推导表示，给出无人机在旋翼阻力作用下的微分平坦变换。

$$\begin{aligned}\boldsymbol{x}&=\Psi_x(\boldsymbol{\sigma},\dot{\boldsymbol{\sigma}},\cdots,\boldsymbol{\sigma}^{(s-1)}),\\ \boldsymbol{u}&=\Psi_u(\boldsymbol{\sigma},\dot{\boldsymbol{\sigma}},\cdots,\boldsymbol{\sigma}^{(s)}).\end{aligned} \tag{2-41}$$

参考文献

[1] Jiang Z, Wang W, Yang L, et al. Design of a collision mitigation quadrotor UAV with compact spherical configuration [C]// 2023 42nd Chinese Control Conference (CCC). IEEE, 2023: 4745-4750.

[2] Park J, Kim J, Jang I, et al. Efficient multi-agent trajectory planning with feasibility guarantee using relative bernstein polynomial [C]// 2020 IEEE International Conference on Robotics and Automation (ICRA). IEEE, 2020: 434-440.

[3] Yang B, Gu J, Zhang KM. Parameterization of the building downwash and sidewash effect using a mixture model [J]. Building and Environment, 2020, 172: 106694.

[4] Han Z, Wang Z, Pan N, et al. Fast-racing: an open-source strong baseline for SE (3) planning in autonomous drone racing [J]. IEEE Robotics and Automation Letters, 2021, 6 (4): 8631-8638.

[5] 向朝兴，茅健．四旋翼无人机的旋翼空气动力学建模与仿真 [J]. 计算机仿真，2021，38 (10)：48-52.

[6] 叶鸿凯．多旋翼飞行器动力学运动规划 [D]. 杭州：浙江大学，2022.

[7] Mellinger D, Kumar V. Minimum snap trajectory generation and control for quadrotors [C]// 2011 IEEE International Conference on Robotics and Automation. IEEE, 2011: 2520-2525.

[8] Van Nieuwstadt M J, Murray R M. Real-time trajectory generation for differentially flat systems [J]. International Journal of Robust and Nonlinear Control, 1998, 8 (7): 995-1020.

[9] Fliess M, Lévine J, Martin P, et al. Flatness and defect of non-linear systems: introductory theory and examples [J]. International Journal of Control, 1995, 61 (6): 1327-1361.

[10] Mueller M W, Hehn M, D'Andrea R. A computationally efficient motion primitive for quadrocopter trajectory

generation [J]. IEEE Transactions on Robotics, 2015, 31 (6): 1294-1310.

[11] Ferrin J, Leishman R, Beard R, et al. Differential flatness based control of a rotorcraft for aggressive maneuvers [C]// 2011 IEEE/RSJ International Conference on Intelligent Robots and Systems. IEEE, 2011: 2688-2693.

[12] Faessler M, Franchi A, Scaramuzza D. Differential flatness of quadrotor dynamics subject to rotor drag for accurate tracking of high-speed trajectories [J]. IEEE Robotics and Automation Letters, 2017, 3 (2): 620-626.

[13] 汪哲培. 多旋翼无人机运动规划的几何方法 [D]. 杭州：浙江大学，2022.

[14] Svacha J, Mohta K, Kumar V. Improving quadrotor trajectory tracking by compensating for aerodynamic effects [C]// Proc. IEEE Int. Conf. Unmanned Aircr. Syst. 2017: 860-866.

[15] Faessler M, Franchi A, Scaramuzza D. Detailed derivations of 'differential flatness of quadrotor dynamics subject to rotor drag for accurate tracking of high-speed trajectories' [J]. ArXiv e-prints, Dec. 2017. Available: http://arxiv.org/abs/1712.02402.

第3章
四旋翼无人机定位

四旋翼无人机的定位问题主要是指确定四旋翼无人机在飞行环境中相对于惯性坐标系的位置和姿态信息。准确的位姿估计是实现四旋翼无人机避障、轨迹规划及目标跟踪等复杂飞行任务的前提和基础。目前，主流的定位方法可以分为两类：一类是基于外部设备提供精确的位置信息，如全球卫星定位系统（global positioning system，GPS）；另一类是基于四旋翼无人机自身所带的传感器实现同步定位与建图（simultaneous localization and mapping，SLAM），利用运动估计在建图的同时获得自身的精确位姿信息。

3.1　基于 GPS 的四旋翼无人机定位

3.1.1　GPS 基本组成部分与定位原理

GPS 是一种基于卫星的导航系统，其利用卫星广播的信号和地面接收设备之间的时间延迟来确定四旋翼无人机的位置。基于 GPS 的定位过程可以分为两个阶段。首先是 GPS 数据获取，四旋翼无人机上的 GPS 模块定期采集卫星信号，通过定位计算出经纬度、海拔、速度和航向等信息；其次是位置估计，GPS 模块通过接收到的卫星信号进行定位，一般会使用算法如扩展卡尔曼滤波（extended Kalman filter，EKF）来对 GPS 数据进行融合估算，从而提高定位精度。

3.1.2　四旋翼无人机的 GPS 定位系统

四旋翼无人机中的 GPS 定位模块通常通过串口或 I2C 接口与飞控系统连接，用于获取实时位置信息。GPS 模块的性能直接影响四旋翼无人机的导航和控制能力。以下是四旋翼无人机 GPS 定位的关键组成部分介绍。

① 硬件模块如下：

GPS 天线：用于接收卫星信号，通常采用高增益陶瓷天线或螺旋天线。

GPS 接收器：将卫星信号转换为可处理的数据，并通过接口传输到飞控系统。

辅助定位模块：例如 GLONASS、北斗等多模卫星信号接收器，可以提高定位精度和可靠性。

② 软件处理部分如下：

数据解析：飞控系统解析 NMEA 格式的数据（例如 GGA、RMC 语句），提取位置信息。

滤波算法：通过卡尔曼滤波等技术，消除噪声对定位数据的影响，提高定位精度。

数据融合：将 GPS 数据与 IMU（惯性测量单元）数据融合，获得更加平滑和可靠的位置信息。

3.2 基于视觉的四旋翼无人机定位

利用 GPS 实现定位的方法有明显缺陷，因为在建筑物密集、室内、隧道等地方 GPS 定位几乎是完全失效的。而基于视觉的定位方法仅使用机载摄像头作为外部传感器，具有体积小、重量轻、价格低等优势，这也使得视觉定位逐渐成为四旋翼无人机研究领域的重要课题。

图 3-1 展示了通过相机实现视觉 SLAM 定位的流程。通过摄像头所采集环境图像，视觉 SLAM 能够实时估计无人机位姿并构建稀疏或稠密地图。视觉 SLAM 系统中，前端负责对从相机获取的图像进行特征提取、匹配以及初步位姿估计，计算出相机的粗略位置。同时进行回环检测，判断无人机是否到达先前经过的地方。然后利用后端非线性优化，对前端得出的相机位姿进行优化，得到全局最优的状态，确保轨迹与地图的一致性。最后，基于每一时刻的相机位姿和空间中目标的信息，根据需求建立相应的地图[1]。由于本章主要介绍四旋翼无人机定位方法，因此接下来主要关注视觉 SLAM 中与定位紧密相关的运动估计部分，即前端视觉里程计和后端优化。

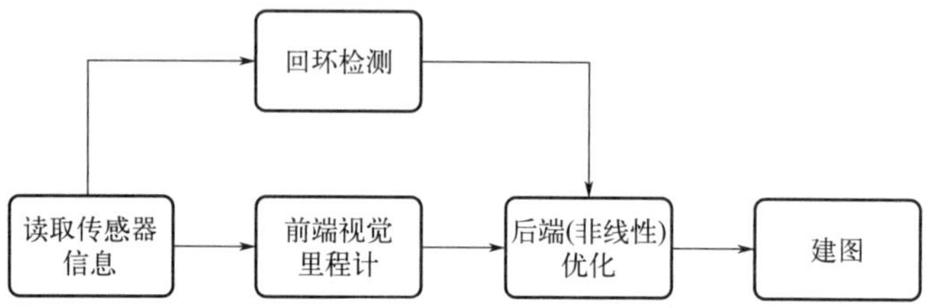

图 3-1 视觉 SLAM 实现框图

3.2.1 前端视觉里程计

视觉 SLAM 前端也称为视觉里程计（visual odometry，VO）。VO 根据相邻图像的信息估计出粗略的相机运动，从而为后端提供较好的初始值[2]。VO 的算法主要分为两大类：特征点法和直接法。

（1）基于特征点法的视觉里程计

特征点法是视觉里程计中最为常用的一种算法，其主要优势在于稳定性强，并且对光照变化和动态物体具有较好的鲁棒性，因此成为目前较为成熟的解决方案。视觉里程计的核心任务是从图像中估计相机的运动。由于图像本质上是由亮度和色彩信息构成的矩阵，直接从矩阵层面进行运动估计非常复杂和困难，因此，一种较为简便的做法是：首先，从图像中选取具有代表性的特征点。这些特征点在相机视角发生轻微变化时仍能保持不变，因此可以在不同的图像中识别出相同的点。基于这些特征点，可以进一步推导出相机的位姿变化，并估计出场景中的三维结构，这也是实现两帧间视觉里程计的基础。这类算法通常被称为两视图几何（two-view geometry）算法[3]。

在经典的 SLAM 模型中，这些特征点被称为“路标”（landmark），而在视觉 SLAM

中，则称之为“图像特征”（feature）。通过对这些特征点的提取、匹配和分析，可以有效地解决相机运动估计问题，从而实现准确的视觉里程计。

特征点由关键点和描述子两部分组成，接下来首先介绍关键点。关键点是图像里一些特别的地方。以图 3-2 为例，可以把图像中的角点、边缘和区块都当成图像中有代表性的地方。角点通常是图像中灰度值变化最剧烈的区域，其特点是图像中的梯度在多个方向上都发生显著变化。角点往往出现在边缘的交点、物体的拐角或一些复杂的局部结构中，这使得它们在图像中非常独特。边缘是图像中灰度值变化较大的区域，但通常只在一个方向（如水平或垂直）上有较大变化。因此，边缘虽然能够提供一些有用的结构信息，但它们在局部区域内的变化方向较为单一，缺乏多角度的变化特征。对于边缘交点或边缘端点，边缘并不能提供充分的描述信息。区块或区域特征（如纹理区域）通常是图像中的一大块区域，其内部有较为均匀的或重复的纹理结构。尽管这些区域在一定程度上能够描述图像的局部结构，但它们缺乏显著的局部变化，并且对于图像中较小的物体或细节来说并不十分有效。

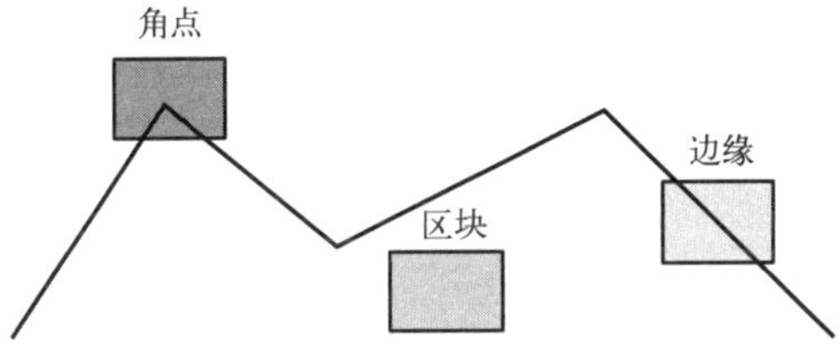

图 3-2　可以作为图像特征的部分：角点、边缘、区块

可以发现，图像中的角点相比于边缘和像素区块而言更加“特别”，在不同图像之间的辨识度更强。所以，一种直观的提取特征的方式就是在不同图像间辨认角点，确定它们的对应关系。在这种方式中，角点就是所谓的特征。角点的提取算法有很多，例如 Harris 角点、FAST 角点、GFTT 角点等。下面以 FAST 角点为例，讲解算法具体是如何提取角点的。

FAST 是一种角点，主要检测局部像素灰度变化明显的地方，以速度快著称。它的思想是：如果一个像素与邻域的像素差别较大（过亮或过暗），那么它更可能是角点。相比于其他角点检测算法，FAST 只需要比较像素亮度的大小，十分快捷。它的检测过程如下（如图 3-3 所示）：

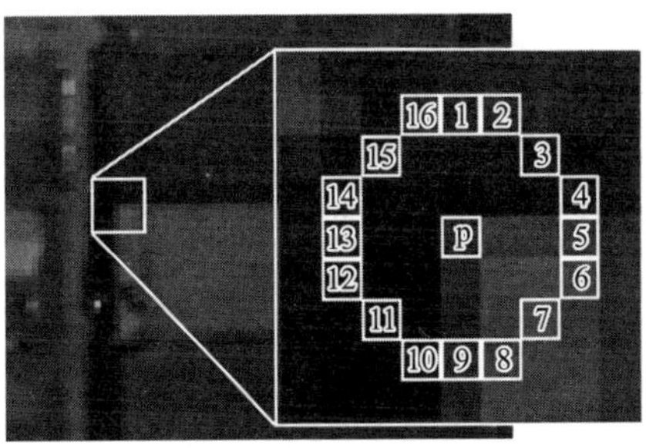

图 3-3　FAST 角点

① 在图像中选取像素 p，假设它的亮度为 I_p。

② 设置一个阈值 T（比如，I_p 的 20%）。

③ 以像素 p 为中心，选取半径为 3 的圆上的 16 个像素点。

④ 假如选取的圆上有连续的 N 个点的亮度大于 I_p+T 或小于 I_p-T，那么像素 p 可以被认为是特征点（N 通常取 12，即为 FAST-12。其他常用的 N 取值为 9 和 11，它们分别被称为 FAST-9[4] 和 FAST-11）。

⑤ 循环以上四步，对每一个像素执行相同的操作。

在 FAST-12[5] 算法中，为了更高效，可以添加一项预测试操作，以快速地排除绝大多数不是角点的像素。具体操作为，对于每个像素，直接检测邻域圆上的第 1、第 5、第 9、第 13 个像素的亮度。只有当这 4 个像素中有 3 个同时大于 I_p+T 或小于 I_p-T 时，当前像素才有可能是一个角点，否则应该直接排除。这样的预测试操作大大加速了角点检测。此外，原始的 FAST 角点经常出现"扎堆"的现象。所以在第一遍检测之后，还需要用非极大值抑制（non-maximal suppression），在一定区域内仅保留响应极大值的角点，避免角点集中的问题。

FAST 角点的计算仅仅是比较像素间亮度的差异，所以速度非常快，但它也有重复性不强，分布不均匀的缺点。此外，FAST 角点不具有方向信息。同时，由于它固定取半径为 3 的圆，存在尺度问题，远处看着像是角点的地方，接近后看可能就不是角点了。

正如上面提到的，FAST 角点存在一些问题，在大多数应用中，单纯的角点检测只是检测图像中局部灰度变化最为显著的点，主要关注点的位置，而并不分配一个特定的方向。所以，单纯的角点依然不能满足很多需求。例如，从远处看上去是角点的地方，当相机走近之后，可能就不显示为角点了。或者，当旋转相机时，角点的外观会发生变化，也就不容易辨认出那是同一个角点。为此，就提出了许多更加稳定的局部图像特征，如著名的 SIFT[6]、SURF[7]、ORB[8] 等。下面对这三种特征进行简单介绍。

SIFT（scale-invariant feature transform）：SIFT 是一种尺度不变特征变换算法，它通过对图像中的关键点进行多尺度分析，提取出具有旋转、尺度不变性和光照不变性的特征点。

SURF（speeded-up robust features）：SURF 是在 SIFT 的基础上进行优化得到的特征提取算法，主要通过加速计算来提升 SIFT 的速度，同时保持其不变性和鲁棒性。SURF 使用了 Hessian 矩阵来检测关键点，并使用积分图（integral image）加速计算。这使得 SURF 比 SIFT 更快。

ORB（oriented FAST and rotated BRIEF）：ORB 是近年来提出的高效特征提取算法，旨在兼顾计算效率和匹配效果。ORB 采用了二进制描述子和更高效的关键点检测方式，其速度较 SIFT 和 SURF 快得多，特别适用于实时应用，如 SLAM 中常见的应用场景。

相比于 Harris、FAST 这些普通角点，人为设计的 SIFT、SURF 和 ORB 特征中的角点能够拥有如下的性质：

① 可重复性：相同的特征可以在不同的图像中找到；

② 可区分性：不同的特征有不同的表述；

③ 高效率：同一图像中，特征点的数量应远小于像素的数量；

④ 局部性：特征仅与一小片图像区域相关。

此外，针对 FAST 角点不具有方向性和尺度的弱点，ORB 添加了尺度和旋转的描述。尺度不变性由构建图像金字塔，并在金字塔的每一层上检测角点来实现。而特征的旋转是由灰度质心法（intensity centroid）[9] 实现的。金字塔是计算机视觉中常用的一种处理方法，如图 3-4 所示。

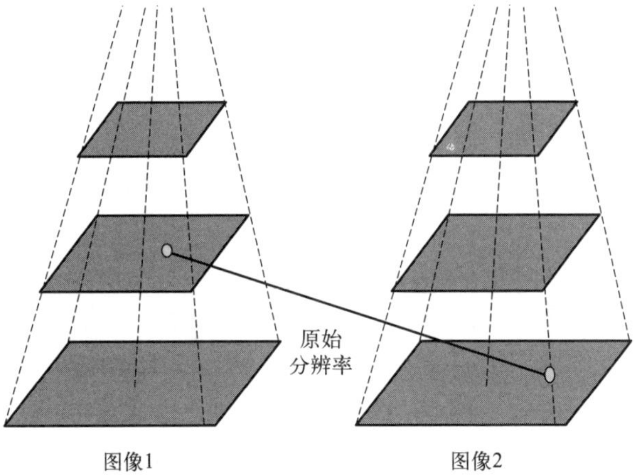

图 3-4　使用金字塔可以匹配不同缩放倍率下的图像

金字塔[10]是指对图像进行不同层次的降采样，以获得不同分辨率的图像。金字塔底层是原始图像，每往上一层，就对图像进行一个固定倍率的缩放，这样就有了不同分辨率的图像。较小的图像可以看成远处看过来的场景。在特征匹配算法中可以匹配不同层上的图像，从而实现尺度不变性。例如，如果相机在后退，那么应该能够在金字塔上一个图像的上层和下一个图像的下层中找到匹配。在旋转方面，计算特征点附近的图像灰度质心。所谓质心是指以图像块灰度值作为权重的中心。其具体操作步骤如下：

在一个小的图像块 B 中，定义图像块的矩为

$$m_{pq}=\sum_{x,y\in B}x^p y^q I(x,y),\quad p,q=\{0,1\} \tag{3-1}$$

① 通过矩可以找到图像块的质心为

$$C=\left(\frac{m_{10}}{m_{00}},\frac{m_{01}}{m_{00}}\right) \tag{3-2}$$

② 连接图像块的几何中心 O 与质心 C，得到一个方向向量 $\boldsymbol{OC}$，于是特征点的方向可以定义为

$$\theta=\arctan(m_{01}/m_{10}) \tag{3-3}$$

通过以上方法，FAST 角点便具有了尺度与旋转的描述，从而大大提升了其在不同图像之间表述的鲁棒性。ORB 特征点中，把这种改进后的 FAST 称为 Oriented FAST。

上面介绍的角点是关键点的一种，指出了对应的特征点在图像里的位置，有些关键点还通过计算它所在区域的梯度方向来获得主方向。这个方向信息在匹配时非常重要，因为它能够消除图像旋转的影响，帮助算法更好地进行特征匹配。下面介绍组成特征点的另一个部分——描述子。描述子通常是一个向量，按照某种人为设计的方式，描述了该关键点

周围像素的信息。描述子是按照“外观相似的特征应该有相似的描述子”的原则设计的。以 ORB 特征点为例，它的关键点称为“Oriented FAST”，是一种改进的 FAST 角点。它的描述子称为 BRIEF（binary robust independent elementary feature）。提取 ORB 特征点分为如下两个步骤：

① FAST 角点提取：找出图像中的“角点”。相较于原版的 FAST，ORB 中计算了特征点的主方向，为后续的 BRIEF 描述子增加了旋转不变特性。

② BRIEF 描述子：对前一步提取出特征点的周围图像区域进行描述。ORB 对 BRIEF 进行了一些改进，主要是指在 BRIEF 中使用了先前计算的方向信息。

在角点部分已经讲解了角点的提取，接下来还以 ORB 为例讲解描述子如何计算。

在提取 Oriented FAST[11] 关键点后，对每个点计算其描述子。ORB 使用改进的 BRIEF 特征描述。

BRIEF[12] 是一种二进制描述子，其描述向量由许多个 0 和 1 组成，这里的 0 和 1 编码了关键点附近两个随机像素（比如 p 和 q）的大小关系：如果 p 比 q 大，则取 1，反之就取 0。如果取了 128 个这样的 p 与 q，最后就得到 128 维的由 0、1 组成的向量。BRIEF 使用了随机选点的比较，速度非常快，而且由于使用了二进制表达，存储起来也十分方便，适用于实时的图像匹配。原始的 BRIEF 描述子不具有旋转不变性，因此在图像发生旋转时容易丢失。而 ORB 在 FAST 特征点提取阶段计算了关键点的方向，所以可以利用方向信息，计算旋转之后的“Steer BRIEF”特征使 ORB 的描述子具有较好的旋转不变性。由于考虑到了旋转和缩放，因此 ORB 在平移、旋转和缩放的变换下仍有良好的表现。同时，FAST 和 BREIF 的组合也非常高效，使得 ORB 特征在实时 SLAM 中非常受欢迎。

在利用特征点进行两帧图像间的特征匹配时，只要两个特征点的描述子在向量空间上的距离相近，就可以认为它们是同样的特征点。上面已经成功完成了第一步，即特征点的提取，下面将讲解如何利用两组特征点实现特征匹配。

特征匹配是视觉 SLAM 中极为关键的一步，解决了 SLAM 中的数据关联问题（data association），即确定当前看到的路标与之前看到的路标之间的对应关系。通过对图像与图像或者图像与地图之间的描述子进行准确匹配，可以为后续的姿态估计、优化等操作减轻大量负担。然而，由于图像特征的局部特性，误匹配的情况广泛存在，成为视觉 SLAM 中制约性能提升的一大瓶颈。其部分原因是场景中经常存在大量的重复纹理，使得特征描述非常相似。在这种情况下，仅利用局部特征解决误匹配是非常困难的。

考虑两个时刻的图像。如果在图像 I_t 中提取到特征点 $x_t^m(m=1,2,\cdots,M)$，在图像 I_{t+1} 中也提取到特征点 $x_{t+1}^n(n=1,2,\cdots,N)$，那么最简单的寻找这两个集合元素对应关系的特征匹配方法就是暴力匹配（brute-force matcher），即对每一个特征点 x_t^m 与所有的 x_{t+1}^n 测量描述子的距离，然后排序，取最近的一个作为匹配点。描述子距离表示了两个特征之间的相似程度，不过在实际运用中还可以取不同的距离度量范数。对于浮点类型的描述子，使用欧氏距离进行度量即可。而对于二进制的描述子（比如 BRIEF），往往使用汉明距离（Hamming distance）作为度量——两个二进制串之间的汉明距离，指的是其不同位数的个数。然而，当特征点数量很大时，暴力匹配法的运算量将变得很大，特别是当想要匹配某个帧和一张地图的时候。这不符合在 SLAM 中的实时性需求。此时快速近似最近邻（FLANN）算法更加适合用于匹配点数量极多的情况[13]。这些匹配算法理论已经成熟，开发者可直接调用 OpenCV 提供的对应 API 来使用这些算法。

有了匹配好的点对后要根据点对来估计相机的运动。当相机为单目时，只知道 2D 的像素坐标，因而问题是根据两组 2D 点估计运动。该问题用对极几何来解决。如果一组为 3D，一组为 2D，即得到了一些 3D 点和它们在相机中的投影位置，也能估计相机的运动。该问题通过透视 n 点问题（perspective-n-point，PnP）求解。当相机为双目、RGB-D 时，或者通过某种方法得到了距离信息，那么问题就是根据两组 3D 点估计运动。该问题通常用迭代最近点算法（iterative closest point，ICP）来解决。

对应上述三种情况，下面首先介绍如何通过两组 2D 点来估计相机运动，即对极几何问题。

假设从两张图像中得到了一对配对好的特征点，如图 3-5 所示。

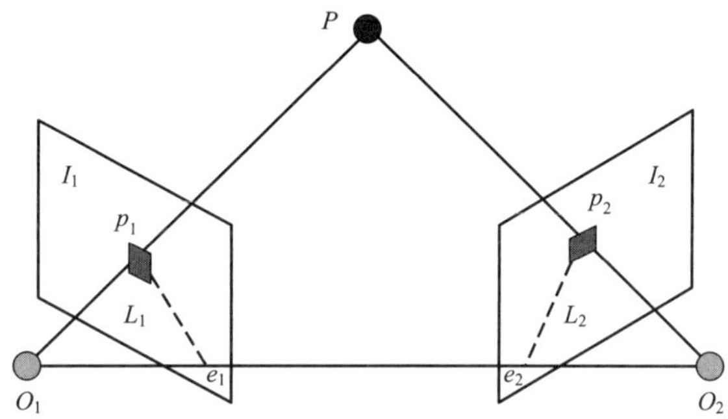

图 3-5　对极几何约束

如果有若干对这样的匹配点，就可以通过这些二维图像点的对应关系，恢复出在两帧之间相机的运动。求取两帧图像 I_1、I_2 之间的运动：设第一帧到第二帧的运动分别经过旋转 $\boldsymbol{R}$ 与位移 $\boldsymbol{t}$。两个相机中心分别为 O_1 和 O_2。如果 I_1 中有一个特征点 $\boldsymbol{p}_1$，它在 I_1 中对应着特征点 $\boldsymbol{p}_2$，两者是通过特征匹配得到的。如果匹配正确，说明它们是同一个空间点在两个成像平面上的投影。首先，连线 O_1p_1 和连线 O_2p_2 在三维空间中会相交于点 $\boldsymbol{P}$。这时候通过 O_1、O_2 和 $\boldsymbol{P}$ 三个点可以确定一个平面，称为极平面（epipolar plane）。连线与像平面 I_1、I_2 的交点分别为 e_1、e_2。e_1、e_2 称为极点（epipoles），O_1O_2 称为基线（baseline），极平面与两个像平面 I_1、I_2 之间的相交线 L_1、L_2 称为极线（epipolar line）[14]。

直观地讲，从第一帧的角度看，射线 $O_1\boldsymbol{p}_1$ 是某个像素可能出现的空间位置，因为该射线上的所有点都会投影到同一个像素点。同时，如果不知道 $\boldsymbol{P}$ 的位置，那么当在第二幅图像上看时，连线 e_2p_2（也就是第二幅图像中的极线）就是 $\boldsymbol{P}$ 可能出现的投影的位置，也就是射线 $O_1\boldsymbol{p}_1$ 在第二个相机中的投影。由于通过特征点匹配确定了 $\boldsymbol{p}_2$ 的像素位置，所以能够推断 $\boldsymbol{P}$ 的空间位置，以及相机的运动。如果没有特征匹配，就没法确定 $\boldsymbol{p}_2$ 到底在极线的哪个位置了。

从代数角度来看一下这里的几何关系。在第一帧的坐标系下，设 $\boldsymbol{P}$ 的空间位置为 $\boldsymbol{P}=$

$[X, Y, Z]^{\mathrm{T}}$，根据针孔相机模型知道两个像素点 $\boldsymbol{p}_1$、$\boldsymbol{p}_2$ 的像素位置为

$$s_1\boldsymbol{p}_1=\boldsymbol{KP},\quad s_2\boldsymbol{p}_2=\boldsymbol{K}(\boldsymbol{RP}+\boldsymbol{t}) \tag{3-4}$$

式中，$\boldsymbol{K}$ 为相机内参矩阵；$\boldsymbol{R}$、$\boldsymbol{t}$ 为两个坐标系的相机运动。具体来说，这里计算的是 R_{21} 和 $\boldsymbol{t}_{21}$，因为是把第一个坐标系下的坐标转换到第二个坐标系下。在使用齐次坐标时，一个向量等于它自身乘上任意的非零常数。这通常用于表达一个投影关系。例如 $s_1\boldsymbol{p}_1$ 和 $\boldsymbol{p}_1$ 成投影关系，它们在齐次坐标的意义下是相等的。这种相等关系称为尺度意义下相等（equal up to a scale），记作：$s\boldsymbol{p}\approx\boldsymbol{p}$。那么，上述两个投影关系可写为

$$\boldsymbol{p}_1=\boldsymbol{KP},\quad \boldsymbol{p}_2=\boldsymbol{K}(\boldsymbol{RP}+\boldsymbol{t}) \tag{3-5}$$

取

$$\boldsymbol{x}_1=\boldsymbol{K}^{-1}\boldsymbol{p}_1,\quad \boldsymbol{x}_2=\boldsymbol{K}^{-1}\boldsymbol{p}_2 \tag{3-6}$$

这里的 $\boldsymbol{x}_1$、$\boldsymbol{x}_2$ 是两个像素点的归一化平面上的坐标。代入上式得

$$\boldsymbol{x}_2\approx\boldsymbol{R}\boldsymbol{x}_1+\boldsymbol{t} \tag{3-7}$$

两边同时左乘 $\boldsymbol{t}^{\wedge}$。回忆 ∧ 的定义，这相当于两侧同时与 $\boldsymbol{t}$ 做外积得

$$\boldsymbol{t}^{\wedge}\boldsymbol{x}_2\approx\boldsymbol{t}^{\wedge}\boldsymbol{R}\boldsymbol{x}_1 \tag{3-8}$$

然后，两侧同时左乘 $\boldsymbol{x}_2^{\mathrm{T}}$ 得

$$\boldsymbol{x}_2^{\mathrm{T}}\boldsymbol{t}^{\wedge}\boldsymbol{x}_2\approx\boldsymbol{x}_2^{\mathrm{T}}\boldsymbol{t}^{\wedge}\boldsymbol{R}\boldsymbol{x}_1 \tag{3-9}$$

观察等式左侧，$\boldsymbol{t}^{\wedge}\boldsymbol{x}_2$ 是一个与 $\boldsymbol{t}$ 和 $\boldsymbol{x}_2$ 都垂直的向量。它在与 $\boldsymbol{x}_2$ 做内积时，将得到 0。由于等式左侧严格等于零，那么乘以任意非零常数之后也为零，于是可以把 ≈ 写成通常的等号。因此，就得到了

$$\boldsymbol{x}_2^{\mathrm{T}}\boldsymbol{t}^{\wedge}\boldsymbol{R}\boldsymbol{x}_1=0 \tag{3-10}$$

重新代入 $\boldsymbol{p}_1$、$\boldsymbol{p}_2$，有

$$\boldsymbol{p}_2^{\mathrm{T}}\boldsymbol{K}^{-\mathrm{T}}\boldsymbol{t}^{\wedge}\boldsymbol{R}\boldsymbol{K}^{-1}\boldsymbol{p}_1=0 \tag{3-11}$$

以上两个式子都称为对极约束。它的几何意义是 O_1、O_2 和 $\boldsymbol{P}$ 三者共面。对极约束中同时包含了平移和旋转。把中间部分记作两个矩阵，即基础矩阵（fundamental matrix）$\boldsymbol{F}$ 和本质矩阵（essential matrix）$\boldsymbol{E}$，于是可以进一步简化对极约束：

$$\boldsymbol{E}=\boldsymbol{t}^{\wedge}\boldsymbol{R},\quad \boldsymbol{F}=\boldsymbol{K}^{-\mathrm{T}}\boldsymbol{E}\boldsymbol{K}^{-1},\quad \boldsymbol{x}_2^{\mathrm{T}}\boldsymbol{E}\boldsymbol{x}_1=\boldsymbol{p}_2^{\mathrm{T}}\boldsymbol{F}\boldsymbol{p}_1=0 \tag{3-12}$$

对极约束简洁地给出了两个匹配点的空间位置关系。于是，相机位姿估计问题变为以下两步：

① 根据配对点的像素位置求出 $\boldsymbol{E}$ 或者 $\boldsymbol{F}$。

② 根据 $\boldsymbol{E}$ 或者 $\boldsymbol{F}$ 求出 $\boldsymbol{R}$ 和 $\boldsymbol{t}$。

由于 $\boldsymbol{E}$ 和 $\boldsymbol{F}$ 只相差了相机内参，而内参在 SLAM 中通常是已知的，所以实践当中往往使用形式更简单的 $\boldsymbol{E}$。

由于平移和旋转各有 3 个自由度，故 $\boldsymbol{E}=\boldsymbol{t}^{\wedge}\boldsymbol{R}$ 共有 6 个自由度。但由于尺度等价性，因此 $\boldsymbol{E}$ 实际上有 5 个自由度，表明最少可以用 5 对点来求解 $\boldsymbol{E}$。但是，$\boldsymbol{E}$ 的内在性质是一种非线性性质，在估计时会带来麻烦，因此，也可以只考虑它的尺度等价性，使用 8 对点来估计 $\boldsymbol{E}$，这就是经典的八点法（eight-point-algorithm）。八点法只利用了 $\boldsymbol{E}$ 的线性性质，因此可以在线性代数框架下求解。

接下来针对 3D-2D 的情况来求解透视 n 点问题。PnP（perspective-n-point）是求解 3D 到 2D 点对运动的方法。它描述了当知道 n 个 3D 空间点以及它们的投影位置时，如何估计相机所在的位姿。前面的 2D-2D 的对极几何方法需要八个或八个以上的点对（以八点法为例），且存在着初始化、纯旋转和尺度的问题。然而，如果两张图像中，其中一张特征点的 3D 位置已知，那么只需三个点对（需要至少一个额外点验证结果）就可以估计相机运动。特征点的 3D 位置可以由三角化，或者由 RGB-D 相机的深度图确定。因此，在双目或 RGB-D 的视觉里程计中，可以直接使用 PnP 估计相机运动。而在单目视觉里程计中，必须先进行初始化，然后才能使用 PnP。3D-2D 方法不需要使用对极约束，又可以在很少的匹配点中获得较好的运动估计，是最重要的一种姿态估计方法。

PnP 问题有很多种求解方法，例如用三对点估计位姿的 P3P[15]、直接线性变换(DLT)、EPnP（efficient PnP)[16]、UPnP（unified perspective-n-point)[17]等。此外，还能用非线性优化的方式，构建最小二乘问题并迭代求解，也就是 Bundle Adjustment。这里主要介绍非线性优化的方式，即最小化重投影误差求解 PnP。

前面说的线性方法，往往是先求相机位姿，再求空间点位置，而非线性优化则是把它们都看成优化变量，放在一起优化。这是一种非常通用的求解方式，可以用它对 PnP 或 ICP 给出的结果进行优化。在 PnP 中，这个 Bundle Adjustment 问题是一个最小化重投影误差（reprojection error）的问题。

考虑 n 个三维空间点 $\boldsymbol{P}$ 和它们的投影 $\boldsymbol{p}$，希望计算相机的位姿 $\boldsymbol{R}$ 和 $\boldsymbol{t}$，位姿的李代数表示为 ξ。假设某空间点坐标为 $\boldsymbol{P}_i=[X_i, Y_i, Z_i]^{\mathrm{T}}$，其投影的像素坐标为 $\boldsymbol{u}_i=[u_i, v_i]^{\mathrm{T}}$。像素位置与空间点位置的关系如下：

$$s_i\begin{bmatrix}u_i\\v_i\\1\end{bmatrix}=\boldsymbol{KT}\begin{bmatrix}X_i\\Y_i\\Z_i\\1\end{bmatrix} \tag{3-13}$$

写成矩阵形式就是：

$$s_i\boldsymbol{u}_i=\boldsymbol{KTP}_i \tag{3-14}$$

其中间隐含着齐次坐标到非齐次坐标的转换，否则按矩阵的乘法来说，维度是不对的。因为 $\exp(\xi^{\wedge})\boldsymbol{P}_i$ 结果是 4×1 的，而它左侧的 $\boldsymbol{K}$ 是 3×3 的，所以必须把 $\exp(\xi^{\wedge})\boldsymbol{P}_i$ 的前三维取出来，变成三维的非齐次坐标。现在，由于相机位姿未知以及观测点的噪声，该等式存在一个误差。因此要把误差求和，构建最小二乘问题，然后寻找最好的相机位姿，使它最小化：

$$\boldsymbol{T}^*=\underset{T}{\arg\min}\frac{1}{2}\sum_{i=1}^{n}\left\|\boldsymbol{u}_i-\frac{1}{s_i}\boldsymbol{KTP}_i\right\|_2^2 \tag{3-15}$$

该问题的误差项，是将像素坐标（观测到的投影位置）与 3D 点按照当前估计的位姿进行投影得到的位置相比较得到的误差，所以称为重投影误差。使用齐次坐标时，这个误差有三维。不过，由于 $\boldsymbol{u}$ 最后一维为 1，该维度的误差一直为零，因而更多时候使用非齐次坐标，于是误差就只有二维了。

如图 3-6 所示，通过特征匹配，知道了 $\boldsymbol{p}_1$ 和 $\boldsymbol{p}_2$ 是同一个空间点 $\boldsymbol{P}$ 的投影，但是不

知道相机的位姿。在初始值中，$\boldsymbol{P}$ 的投影 $\hat{\boldsymbol{p}}_2$ 与实际的 $\boldsymbol{p}_2$ 之间有一定的距离，于是调整相机的位姿，使得这个距离变小。不过，由于这个调整需要考虑很多个点，所以最后每个点的误差通常都不会精确为零。

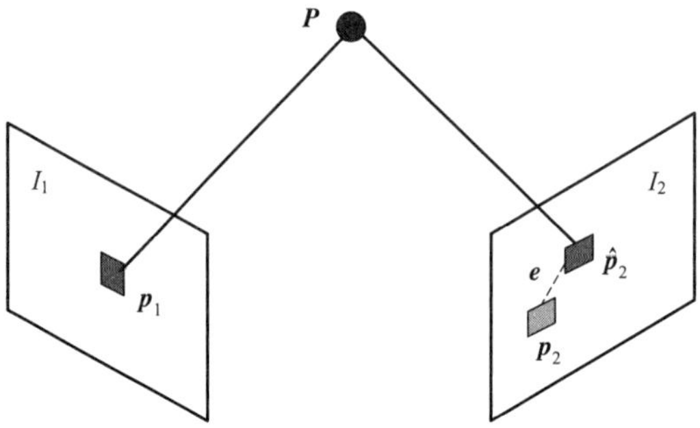

图 3-6　重投影误差示意图

使用李代数，可以构建无约束的优化问题，很方便地通过 G-N、L-M 等优化算法进行求解。不过，在使用 G-N 和 L-M 之前，需要知道每个误差项关于优化变量的导数，也就是线性化：

$$\boldsymbol{e}(\boldsymbol{x}+\Delta\boldsymbol{x})\approx\boldsymbol{e}(\boldsymbol{x})+\boldsymbol{J}^{\mathrm{T}}\Delta\boldsymbol{x} \tag{3-16}$$

这里面 $\boldsymbol{J}^{\mathrm{T}}$ 的形式是关键所在。固然可以使用数值导数，但能够推导解析形式时，会优先考虑解析导数。现在，当 $\boldsymbol{e}$ 为像素坐标误差（二维），$\boldsymbol{x}$ 为相机位姿（六维）时，$\boldsymbol{J}^{\mathrm{T}}$ 将是一个 2×6 的矩阵。

使用左扰动模型来求李代数的导数。首先，记变换到相机坐标系下的空间点坐标为 $\boldsymbol{P}'$，并且将其前三维取出来：

$$\boldsymbol{P}'=(\boldsymbol{TP})_{1:3}=[X',Y',Z']^{\mathrm{T}} \tag{3-17}$$

那么，相机投影模型相对于 $\boldsymbol{P}'$为

$$s\boldsymbol{u}=\boldsymbol{KP}' \tag{3-18}$$

展开：

$$\begin{bmatrix}su\\sv\\s\end{bmatrix}=\begin{bmatrix}f_x & 0 & c_x\\0 & f_y & c_y\\0 & 0 & 1\end{bmatrix}\begin{bmatrix}X'\\Y'\\Z'\end{bmatrix} \tag{3-19}$$

利用第 3 行消去 s（实际上就是 $\boldsymbol{P}'$的距离），得

$$u=f_x\frac{X'}{Z'}+c_x,\quad v=f_y\frac{Y'}{Z'}+c_y \tag{3-20}$$

这与相机模型是一致的。当求误差时，可以把这里的 u、v 与实际的测量值比较，求差。定义了中间变量后对 $\boldsymbol{T}$ 左乘扰动量 $\delta\xi$，然后考虑 $\boldsymbol{e}$ 的变化关于扰动量的导数。利用链式法则，可以列写如下：

$$\frac{\partial\boldsymbol{e}}{\partial\delta\xi}=\lim_{\delta\xi\to0}\frac{\boldsymbol{e}(\delta\xi\oplus\xi)-\boldsymbol{e}(\xi)}{\delta\xi}=\frac{\partial\boldsymbol{e}}{\partial\boldsymbol{P}'}\frac{\partial\boldsymbol{P}'}{\partial\delta\xi} \tag{3-21}$$

式中，$\oplus$指李代数上的左乘扰动；右边第一项是误差关于投影点的导数：

$$\frac{\partial \boldsymbol{e}}{\partial \boldsymbol{P}'}=-\begin{bmatrix}\dfrac{\partial u}{\partial X'} & \dfrac{\partial u}{\partial Y'} & \dfrac{\partial u}{\partial Z'} \\ \dfrac{\partial v}{\partial X'} & \dfrac{\partial v}{\partial Y'} & \dfrac{\partial v}{\partial Z'}\end{bmatrix}=-\begin{bmatrix}\dfrac{f_x}{Z'} & 0 & -\dfrac{f_x X'}{Z'^2} \\ 0 & \dfrac{f_y}{Z'} & -\dfrac{f_y Y'}{Z'^2}\end{bmatrix} \tag{3-22}$$

第二项为变换后的点关于李代数的导数：

$$\frac{\partial(\boldsymbol{TP})}{\partial \delta \boldsymbol{\xi}}=\begin{bmatrix}\boldsymbol{I} & -\boldsymbol{P}'^{\wedge} \\ \boldsymbol{0}^{\mathrm{T}} & \boldsymbol{0}^{\mathrm{T}}\end{bmatrix} \tag{3-23}$$

而在 $\boldsymbol{P}'$ 的定义中，取出了前三维，于是得

$$\frac{\partial \boldsymbol{P}'}{\partial \delta \boldsymbol{\xi}}=[\boldsymbol{I}, \quad -\boldsymbol{P}'^{\wedge}] \tag{3-24}$$

将这两项相乘，就得到了 2×6 的雅可比矩阵：

$$\frac{\partial \boldsymbol{e}}{\partial \delta \boldsymbol{\xi}}=-\begin{bmatrix}\dfrac{f_x}{Z'} & 0 & -\dfrac{f_x X'}{Z'^2} & -\dfrac{f_x X' Y'}{Z'^2} & f_x+\dfrac{f_x X^2}{Z'^2} & -\dfrac{f_x Y'}{Z'} \\ 0 & \dfrac{f_y}{Z'} & -\dfrac{f_y Y'}{Z'^2} & -f_y-\dfrac{f_y Y'^2}{Z'^2} & \dfrac{f_y X' Y'}{Z'^2} & \dfrac{f_y X'}{Z'}\end{bmatrix} \tag{3-25}$$

这个雅可比矩阵描述了重投影误差关于相机位姿李代数的一阶变化关系，其保留了前面的负号是因为误差是由观测值减预测值定义的。它当然也可以反过来，定义成“预测值减观测值”的形式。在这种情况下，只要去掉前面的负号即可。此外，如果 SE(3) 的定义方式是旋转在前，平移在后时，那么只要把这个矩阵的前三列与后三列对调即可。

另一方面，除了优化位姿，还希望优化特征点的空间位置。因此，需要讨论 $\boldsymbol{e}$ 关于空间点 $\boldsymbol{P}$ 的导数。仍利用链式法则，有

$$\frac{\partial \boldsymbol{e}}{\partial \boldsymbol{P}}=\frac{\partial \boldsymbol{e}}{\partial \boldsymbol{P}'}\frac{\partial \boldsymbol{P}'}{\partial \boldsymbol{P}} \tag{3-26}$$

第二项，按照定义 $\boldsymbol{P}'=(\boldsymbol{TP})_{1:3}=\boldsymbol{RP}+\boldsymbol{t}$ 发现 $\boldsymbol{P}'$ 对 $\boldsymbol{P}$ 求导后只剩下 $\boldsymbol{R}$，则有

$$\frac{\partial \boldsymbol{e}}{\partial \boldsymbol{P}}=-\begin{bmatrix}\dfrac{f_x}{Z'} & 0 & -\dfrac{f_x X'}{Z'^2} \\ 0 & \dfrac{f_y}{Z'} & -\dfrac{f_y Y'}{Z'^2}\end{bmatrix}\boldsymbol{R} \tag{3-27}$$

以上是观测相机方程关于相机位姿与特征点的两个导数矩阵。它们能够在优化过程中提供重要的梯度方向，指导优化的迭代。

最后，对于根据两组 3D 点的情况来推导迭代最近点算法，假设有一组配对好的 3D 点，比如对两幅 RGB-D 图像进行了匹配。

$$P=\{\boldsymbol{p}_1,\cdots,\boldsymbol{p}_n\}, \quad P'=\{\boldsymbol{p}_1',\cdots,\boldsymbol{p}_n'\} \tag{3-28}$$

由于旋转变换是在流型空间，因此对空间点同时进行旋转和平移就需要找一个欧几里得变换 $\boldsymbol{R}$ 和 $\boldsymbol{t}$，使得

$$\forall i, \boldsymbol{p}_1=\boldsymbol{R}\boldsymbol{p}_i'+\boldsymbol{t} \tag{3-29}$$

这个问题可以用迭代最近点（iterative closest point，ICP）求解[18]。3D-3D 位姿估计问题和相机模型并没有关系。在激光 SLAM 中也会碰到 ICP，不过由于激光数据特征

不够丰富，无从知道两个点集之间的匹配关系，只能认为距离最近的两个点为同一个，所以这个方法称为迭代最近点。而在视觉 SLAM 中，特征点提供了较好的匹配关系，所以整个问题就变得更简单了。在 RGB-D SLAM 中，可以用这种方式估计相机位姿。

和 PnP 类似，ICP 的求解也分为两种方式：利用线性代数的求解（主要是 SVD）、利用非线性优化方式[19]的求解（类似于 BA）。下面分别进行介绍。

首先来看以 SVD 为代表的代数方法。根据前面描述的 ICP 问题，先定义第 i 对点的误差项：

$$\boldsymbol{e}_i=\boldsymbol{p}_i-(\boldsymbol{R}\boldsymbol{p}'_i+\boldsymbol{t}) \tag{3-30}$$

然后构建最小二乘问题，求使误差平方和达到极小的 $\boldsymbol{R}$ 和 $\boldsymbol{t}$：

$$\min_{R,t}\frac{1}{2}\sum_{i=1}^{n}\|(\boldsymbol{p}_i-(\boldsymbol{R}\boldsymbol{p}'_i+\boldsymbol{t}))\|_2^2 \tag{3-31}$$

优化目标函数可以简化为：

$$\min_{R,t}\boldsymbol{J}=\frac{1}{2}\sum_{i=1}^{n}\|\boldsymbol{p}_i-\boldsymbol{p}-\boldsymbol{R}(\boldsymbol{p}'_i-\boldsymbol{p}')\|^2+\|\boldsymbol{p}-\boldsymbol{R}\boldsymbol{p}'-\boldsymbol{t}\|^2 \tag{3-32}$$

仔细观察左右两项，可以发现左边只和旋转矩阵 $\boldsymbol{R}$ 相关，而右边既有 $\boldsymbol{R}$ 又有 $\boldsymbol{t}$，但只和质心相关。只要获得了 $\boldsymbol{R}$，令第二项为零就能得到 $\boldsymbol{t}$。于是，ICP 可以分为以下三个步骤求解：

① 计算两组点的质心位置 $\boldsymbol{p}$、$\boldsymbol{p}'$，然后计算每个点的去质心坐标：

$$\boldsymbol{q}_i=\boldsymbol{p}_i-\boldsymbol{p},\quad \boldsymbol{q}'_i=\boldsymbol{p}'_i-\boldsymbol{p}' \tag{3-33}$$

② 根据以下优化问题计算旋转矩阵：

$$\boldsymbol{R}^*=\arg\min_{R}\frac{1}{2}\sum_{i=1}^{n}\|\boldsymbol{q}_i-\boldsymbol{R}\boldsymbol{q}'_i\|^2 \tag{3-34}$$

③ 根据第②步的 $\boldsymbol{R}^*$ 计算 $\boldsymbol{t}$：

$$\boldsymbol{t}^*=\boldsymbol{p}-\boldsymbol{R}^*\boldsymbol{p}' \tag{3-35}$$

可以看到，只要求出了两组点之间的旋转，平移量是非常容易得到的。所以这里重点关注 $\boldsymbol{R}$ 的计算。展开关于 $\boldsymbol{R}$ 的误差项：

$$\frac{1}{2}\sum_{i=1}^{n}\|\boldsymbol{q}_i-\boldsymbol{R}\boldsymbol{q}'_i\|^2=\frac{1}{2}\sum_{i=1}^{n}(\boldsymbol{q}_i^{\mathrm{T}}\boldsymbol{q}_i+\boldsymbol{q}_i'^{\mathrm{T}}\boldsymbol{R}^{\mathrm{T}}\boldsymbol{R}\boldsymbol{q}'_i-2\boldsymbol{q}_i^{\mathrm{T}}\boldsymbol{R}\boldsymbol{q}'_i) \tag{3-36}$$

注意到第一项与 $\boldsymbol{R}$ 无关，第二项由于 $\boldsymbol{R}^{\mathrm{T}}\boldsymbol{R}=I$，亦与 $\boldsymbol{R}$ 无关。因此，实际上优化目标函数变为：

$$\sum_{i=1}^{n}-\boldsymbol{q}_i^{\mathrm{T}}\boldsymbol{R}\boldsymbol{q}'_i=\sum_{i=1}^{n}-tr(\boldsymbol{R}\boldsymbol{q}'_i\boldsymbol{q}_i^{\mathrm{T}})=-tr(\boldsymbol{R}\sum_{i=1}^{n}\boldsymbol{q}'_i\boldsymbol{q}_i^{\mathrm{T}}) \tag{3-37}$$

接下来介绍怎样通过 SVD 解出上述问题中最优的 $\boldsymbol{R}$。为了求解 $\boldsymbol{R}$，先定义矩阵：

$$\boldsymbol{W}=\sum_{i=1}^{n}\boldsymbol{q}_i\boldsymbol{q}_i'^{\mathrm{T}} \tag{3-38}$$

式中，$\boldsymbol{W}$ 是一个 3×3 的矩阵。对 $\boldsymbol{W}$ 进行 SVD 分解，得

$$\boldsymbol{W}=\boldsymbol{U}\boldsymbol{\Sigma}\boldsymbol{V}^{\mathrm{T}} \tag{3-39}$$

式中，$\boldsymbol{\Sigma}$ 为奇异值组成的对角矩阵，对角线元素从大到小排列；而 $\boldsymbol{U}$ 和 $\boldsymbol{V}$ 为对角矩

阵。当 $\boldsymbol{W}$ 满秩时，$\boldsymbol{R}$ 为

$$\boldsymbol{R}=\boldsymbol{U}\boldsymbol{V}^{\mathrm{T}} \tag{3-40}$$

解得 $\boldsymbol{R}$ 后，按 $\boldsymbol{t}^{*}=\boldsymbol{p}-\boldsymbol{R}\boldsymbol{p}'$ 求解 $\boldsymbol{t}$ 即可。如果此时 $\boldsymbol{R}$ 的行列式为负，则取 $-\boldsymbol{R}$ 作为最优值。

求解 ICP 的另一种方式是使用非线性优化，以迭代的方式去找最优值。该方法和前面讲述的 PnP 非常相似。以李代数表达位姿时，目标函数可以写成

$$\min_{\xi}=\frac{1}{2}\sum_{i=1}^{n}\|(\boldsymbol{p}_i-\exp(\xi^{\wedge})\boldsymbol{p}'_i\|_2^2) \tag{3-41}$$

单个误差项关于位姿的导数在前面已推导，使用李代数扰动模型即可：

$$\frac{\partial \boldsymbol{e}}{\partial \delta\xi}=-(\exp(\xi^{\wedge})\boldsymbol{p}'_i) \tag{3-42}$$

在非线性优化中只需不断迭代，就能找到极小值。ICP 问题存在唯一解或无穷多解的情况。在唯一解的情况下，只要能找到极小值解，那么这个极小值就是全局最优值，不会遇到局部极小的情况。这意味着已匹配点时求解 ICP 可以任意选定初始值。

上述的 ICP 是指已由图像特征给定了匹配的情况下进行位姿估计的问题。在匹配已知的情况下，这个最小二乘问题具有解析解，所以并没有必要进行迭代优化。对于深度已知的特征点，建模它们的 3D-3D 误差；对于深度未知的特征点，则建模 3D-2D 的重投影误差。可以将所有的误差放在同一个问题中考虑，使得求解更加方便。

(2) 基于直接法的视觉里程计

尽管特征点法在视觉里程计中占据主流地位，但研究者们也认识到它存在以下几个显著的缺点：

① 关键点提取与描述子的计算耗时：关键点的提取和描述子计算是计算量较大的过程。在实际应用中，SIFT（尺度不变特征变换）在 CPU 上无法实时计算，而 ORB 也需要接近 20 毫秒的时间进行计算。如果整个 SLAM 系统的运行速度是 30 毫秒/帧，那么一大半时间都将花费在计算特征点上，导致系统的实时性受到限制。

② 信息丢失：在使用特征点时，往往只关注图像中的部分信息，即提取到的特征点，而忽略了其他可能有用的图像信息。事实上，一张图像中有数十万个像素点，但特征点通常只有几百个。因此，仅依赖特征点会丢失大量图像的潜在信息，这对于精确计算相机运动和三维重建可能带来限制。

③ 特征点稀缺的场景：当相机运动到一些特征较少的区域时，特征点的数量往往显著减少，甚至可能完全无法找到足够的匹配点来计算相机运动。例如，当相机对准一面白墙或进入一个空旷的走廊时，图像中的纹理信息稀缺，特征点会非常少，这使得基于特征点的算法难以有效工作。

综上所述，尽管特征点法在视觉里程计中具有重要地位，但也存在一些无法忽视的问题。为了克服这些缺点，研究者们提出了若干种改进方法，以提高视觉里程计的鲁棒性和计算效率：

① 保留特征点，但只计算关键点，不计算描述子，同时使用光流法（optical flow）来跟踪特征点的运动[20]。这样可以回避计算和匹配描述子所用的时间，但光流本身的计

算需要一定时间。

② 只计算关键点，不计算描述子，同时使用直接法来计算特征点在下一时刻图像的位置。这同样可以跳过描述子的计算过程，而且直接法的计算更加简单。

③ 既不计算关键点，也不计算描述子，根据像素来直接计算相机运动。

第一种方法仍然使用特征点，只是把匹配描述子替换成了光流跟踪，估计相机运动时仍使用 PnP 或 ICP 算法。而在第二种方法中，根据图像的像素信息来计算相机运动，它们称为直接法。

使用特征点法估计相机运动时，把特征点看作固定在三维空间的不动点，根据它们在相机中的投影位置，通过最小化重投影误差来优化相机运动[21]。在这个过程中，需要精确地知道空间点在两个相机中投影后的像素位置，这也就是为何要对特征进行匹配或跟踪。而在直接法中，最小化的不再是重投影误差，而是测量误差。

本节介绍的直接法就是为了克服特征点法的上述缺点（虽然它会引入另一些问题）。直接法直接根据像素亮度信息，估计相机的运动，可以完全不用计算关键点和描述子。于是，直接法既免除了特征的计算时间，也避免了特征缺失的情况。只要场景中存在明暗变化（可以是渐变，不形成局部的图像特征），直接法就能工作。根据使用像素的数量，直接法分为稀疏、稠密和半稠密三种，具有恢复稠密结构的能力。相比于特征点法通常只能重构稀疏特征点，直接法和稠密重建有更紧密的联系。

历史上，虽然早期也有一些对直接法的使用，但直到 RGB-D 相机出现后，人们才发现直接法对于 RGB-D 相机，甚至对于单目相机，都是行之有效的方法。随着一些使用直接法的开源项目的出现（如 SVO[22]、LSD-SLAM[23]等），它逐渐地走上主流舞台，成为视觉里程计算法中重要的一部分。

直接法的推导是基于灰度不变假设的。灰度不变假设：同一个空间点的像素灰度，在各个图像中是固定不变的。灰度不变假设是一个很强的假设，实际当中很可能不成立。事实上，由于物体的材质不同，像素会出现高光和阴影部分；有时，相机会自动调整曝光参数，使得图像整体变亮或变暗。这些时候灰度不变假设都是不成立的，因此直接法/光流的结果也不一定可靠。不过，暂且认为该假设成立，从而看看如何计算相机的运动。接下来先介绍直接法的原理（图 3-7）。

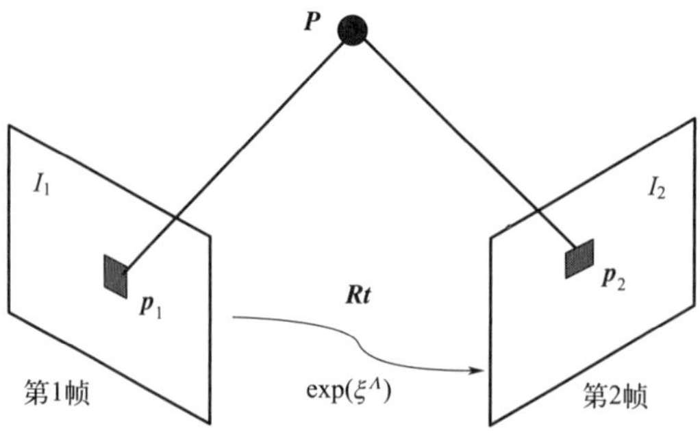

图 3-7　直接法示意图

考虑某个空间点 $\boldsymbol{P}$ 和两个时刻的相机。$\boldsymbol{P}$ 的世界坐标为 $[X,Y,Z]$，它在两个相机上成像，其非齐次像素坐标为 $\boldsymbol{p}_1$ 和 $\boldsymbol{p}_2$。目标是求第一个相机到第二个相机的相对位姿变换。以第一个相机为参照系，设第二个相机的旋转和平移为 $\boldsymbol{R}$ 和 $\boldsymbol{t}$（对应李群为 $\boldsymbol{T}$）。同时，两相机的内参相同，记为 $\boldsymbol{K}$。为清楚起见，下面列写完整的投影方程：

$$\boldsymbol{p}_1=\begin{bmatrix}u\\v\\1\end{bmatrix}_1=\frac{1}{Z_1}\boldsymbol{KP} \tag{3-43}$$

$$\boldsymbol{p}_2=\begin{bmatrix}u\\v\\1\end{bmatrix}_2=\frac{1}{Z_2}\boldsymbol{K}(\boldsymbol{RP}+\boldsymbol{t})=\frac{1}{Z_2}\boldsymbol{K}(\boldsymbol{TP})_{1:3} \tag{3-44}$$

式中，Z_1、Z_2 是 $\boldsymbol{P}$ 在两个相机坐标系下的深度坐标值，也就是 $\boldsymbol{RP}+\boldsymbol{t}$ 的第三个坐标值。由于 $\boldsymbol{T}$ 只能和齐次坐标相乘，所以乘完之后要取出前三个元素。

在直接法中，由于没有特征匹配，因此无从知道哪一个 $\boldsymbol{p}_2$ 与 $\boldsymbol{p}_1$ 对应着同一个点。直接法的思路是根据当前相机的位姿估计值寻找 $\boldsymbol{p}_2$ 的位置。但若相机位姿不够好，$\boldsymbol{p}_2$ 的外观和 $\boldsymbol{p}_1$ 会有明显差别。于是，为了减小这个差别，可以通过优化相机的位姿，来寻找与 $\boldsymbol{p}_1$ 更相似的 $\boldsymbol{p}_2$。这同样可以通过解一个优化问题完成，但此时最小化的不是重投影误差，而是光度误差，也就是 $\boldsymbol{P}$ 的两个像素的亮度误差：

$$\boldsymbol{e}=I_1(\boldsymbol{p}_1)-I_2(\boldsymbol{p}_2)v \tag{3-45}$$

注意，这里的 $\boldsymbol{e}$ 是一个标量。同样地，优化目标为该误差项的二范数，暂时取不加权的形式，为

$$\min_{\boldsymbol{T}}\boldsymbol{J}(\boldsymbol{T})=\|\boldsymbol{e}\|^2 \tag{3-46}$$

能够做这种优化的理由即灰度不变假设。在直接法中，假设一个空间点在各个视角下，成像的灰度是不变的。同样的，这依然是一个很强的假设。实际当中，有许多个（比如 N 个）空间点 $\boldsymbol{P}_i$，那么，整个相机位姿估计问题变为

$$\min_{\boldsymbol{T}}\boldsymbol{J}(T)=\sum_{i=1}^{N}\boldsymbol{e}_i^{\mathrm{T}}\boldsymbol{e}_i,\quad \boldsymbol{e}_i=I_1(\boldsymbol{p}_1,i)-I_2(\boldsymbol{p}_2) \tag{3-47}$$

注意，这里的优化变量是相机位姿 $\boldsymbol{T}$。为了求解这个优化问题，重点关心误差 $\boldsymbol{e}$ 是如何随着相机位姿 $\boldsymbol{T}$ 变化的，需要分析它们的导数关系。因此，定义两个中间变量：

$$\boldsymbol{q}=\boldsymbol{TP} \tag{3-48}$$

$$\boldsymbol{u}=\frac{1}{Z_2}\boldsymbol{Kq} \tag{3-49}$$

式中，$\boldsymbol{q}$ 即 $\boldsymbol{P}$ 在第二个相机坐标系下的坐标；而 $\boldsymbol{u}$ 为它的像素坐标。于是，利用一阶泰勒展开，有

$$\frac{\partial\boldsymbol{e}}{\partial\boldsymbol{T}}=\frac{\partial I_2}{\partial\boldsymbol{u}}\frac{\partial\boldsymbol{u}}{\partial\boldsymbol{q}}\frac{\partial\boldsymbol{q}}{\partial\delta\xi}\delta\xi \tag{3-50}$$

式中，$\delta\xi$ 为 $\boldsymbol{T}$ 的左扰动。可以看到，一阶导数由于链式法则分成了 3 项，而这 3 项都是容易计算的：

① $\partial I_2/\partial\boldsymbol{u}$ 为 $\boldsymbol{u}$ 处的像素梯度。

② $\partial\boldsymbol{u}/\partial\boldsymbol{q}$ 为投影方程关于相机坐标系下的三维点的导数。记 $\boldsymbol{q}=[X,Y,Z]^{\mathrm{T}}$，导

数为

$$\frac{\partial \boldsymbol{u}}{\partial \boldsymbol{q}}=\begin{bmatrix}\frac{\partial u}{\partial X} & \frac{\partial u}{\partial Y} & \frac{\partial u}{\partial Z}\\ \frac{\partial v}{\partial X} & \frac{\partial v}{\partial Y} & \frac{\partial v}{\partial Z}\end{bmatrix}=-\begin{bmatrix}\frac{f_x}{Z} & 0 & -\frac{f_x X}{Z^2}\\ 0 & \frac{f_y}{Z} & -\frac{f_y Y}{Z^2}\end{bmatrix} \tag{3-51}$$

③ $\partial \boldsymbol{q}/\partial \delta\xi$ 为变换后的三维点对变换的导数：

$$\frac{\partial \boldsymbol{q}}{\partial \delta\xi}=[\boldsymbol{I},-\boldsymbol{q}^{\wedge}] \tag{3-52}$$

在实践中，由于后两项只与三维点 $\boldsymbol{q}$ 有关，而与图像无关，所以经常把它们合并在一起：

$$\frac{\partial \boldsymbol{u}}{\partial \delta\xi}=-\begin{bmatrix}\frac{f_x}{Z} & 0 & -\frac{f_x X}{Z^2} & -\frac{f_x XY}{Z^2} & f_x+\frac{f_x X^2}{Z^2} & -\frac{f_x Y}{Z}\\ 0 & \frac{f_y}{Z} & -\frac{f_y Y}{Z^2} & -f_y-\frac{f_y Y^2}{Z^2} & \frac{f_y XY}{Z^2} & \frac{f_y X}{Z}\end{bmatrix} \tag{3-53}$$

于是，推导了误差相对于李代数的雅可比矩阵：

$$\boldsymbol{J}=-\frac{\partial I_2}{\partial \boldsymbol{u}}\frac{\partial \boldsymbol{u}}{\partial \delta\xi} \tag{3-54}$$

对于 N 个点的问题，可以用这种方法计算优化问题的雅可比矩阵，然后使用 G-N 或 L-M 计算增量，迭代求解。例如，在 G-N 方法下，增量 $\delta\xi^*$ 的计算方式为

$$\left(\sum_{i=1}^{N}\boldsymbol{J}_i^{\mathrm{T}}\boldsymbol{J}_i\right)\delta\xi^*=-\sum_{i=1}^{N}\boldsymbol{J}_i^{\mathrm{T}}\boldsymbol{e}_i \tag{3-55}$$

至此，推导了直接法估计相机位姿的整个流程，下面讲解直接法是如何使用的。

在上面的推导中，$\boldsymbol{P}$ 是一个已知位置的空间点，它是怎么来的呢？在 RGB-D 相机下，把任意像素反投影到三维空间，然后投影到下一个图像中。如果是在单目相机中，也可以使用已经估计好位置的特征点（虽然是特征点，但在直接法里是可以避免计算描述子的）。根据 $\boldsymbol{P}$ 的来源，可以把直接法进行分类：

① $\boldsymbol{P}$ 来自稀疏特征点，称为稀疏直接法。通常使用数百个像素，并且会像 L-K 光流那样，假设它周围像素也是不变的。这种稀疏直接法不必计算描述子，并且只使用数百个像素，因此速度最快，但只能计算稀疏的重构。

② $\boldsymbol{P}$ 来自部分像素。可以看到式 $\boldsymbol{J}=-\frac{\partial I_2}{\partial \boldsymbol{u}}\frac{\partial \boldsymbol{u}}{\partial \delta\xi}$ 中，如果像素梯度为零，一项雅可比矩阵就为零，不会对计算运动增量有任何贡献。因此，可以考虑只使用带有梯度的像素点，舍弃像素梯度不明显的地方。这称为半稠密（semi-dense）的直接法，可以重构一个半稠密结构。

③ $\boldsymbol{P}$ 为所有像素，称为稠密直接法。稠密重构需要计算所有像素（一般几十万至几百万个），因此多数不能在现有的 CPU 上实时计算，需要 GPU 的加速。

可以看到，从稀疏重构到稠密重构，都可以用直接法来计算。它们的计算量是逐渐增

长的。稀疏方法可以快速地求解相机位姿，而稠密方法可以建立完整地图。具体使用哪种方法，需要视具体的应用环境而定。

3.2.2　后端优化

带有相机位姿和空间点的图优化称为 BA，它能够有效地求解大规模的定位与建图问题。在 SLAM 过程中，往往需要控制 BA 的规模，保持计算的实时性。控制计算规模的方法很多，比如从连续视频帧中抽出一部分作为关键帧，仅构造关键帧与路标点之间的 BA，但是随着时间增长，地图规模也将不断增长。能够发现，特征点在优化问题中占据大部分，实际上，经过若干次观测之后，收敛的特征点位置变化很小，发散的外点则已被剔除。对收敛点再进行优化，是有些费力不讨好的。因此，往往更倾向于在优化几次之后就把特征点固定住，只把它们看作位姿估计的约束，而不再实际地优化它们的位置估计。

由于本章主要讲无人机的定位，因此本章主要涉及相机的位姿，而不需要建图。顺着这个思路，完全可以构建一个只有轨迹的图优化，而位姿节点之间的边，可以由两个关键帧之间通过特征匹配得到的运动估计来给定初始值。不同的是，一旦初始估计完成，就不再优化那些路标点的位置，而只关心所有的相机位姿之间的联系。通过这种方式，省去了大量的特征点优化的计算，只保留了关键帧的轨迹，从而构建了位姿图[24]，如图 3-8 所示。

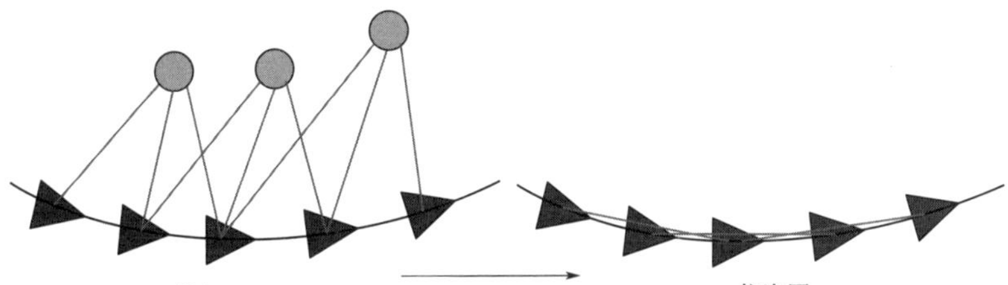

图 3-8　位姿示意图

位姿图的优化：

位姿图中的节点表示相机位姿，以 $\boldsymbol{T}_1$，…，$\boldsymbol{T}_n$ 来表达。而边，则是两个位姿节点之间相对运动的估计，该估计可以来自特征点法或直接法，也可以来自 GPS 或 IMU 积分。无论通过哪种手段，假设估计了 $\boldsymbol{T}_i$ 和 $\boldsymbol{T}_j$ 之间的一个运动 $\Delta\boldsymbol{T}_{ij}$。该运动可以有若干种表达方式，这里取比较自然的一种：

$$\Delta\xi_{ij}=\xi_i^{-1}\circ\xi_j=\ln(\boldsymbol{T}_i^{-1}\boldsymbol{T}_j)^{\vee} \tag{3-56}$$

或者按李群的写法：

$$\boldsymbol{T}_{ij}=\boldsymbol{T}_i^{-1}\boldsymbol{T}_j \tag{3-57}$$

按照图优化的思路，实际中该等式不会被精确成立，因此设立最小二乘误差，然后和以往一样，讨论误差关于优化变量的导数。这里，把上式的 $\boldsymbol{T}_{ij}$ 移至等式右侧，构建误差 $\boldsymbol{e}_{ij}$：

$$\boldsymbol{e}_{ij}=\Delta\xi_{ij}\ln(\boldsymbol{T}_{ij}^{-1}\boldsymbol{T}_i^{-1}\boldsymbol{T}_j)^{\vee} \tag{3-58}$$

注意优化变量有两个：ξ_i 和 ξ_j。因此，求 $\boldsymbol{e}_{ij}$ 关于这两个变量的导数。按照李代数的求导方式，给 ξ_i 和 ξ_j 各加一个左扰动：$\delta\xi_i$ 和 $\delta\xi_j$。于是误差变为：

$$\hat{\boldsymbol{e}}_{ij}=\ln(\boldsymbol{T}_{ij}^{-1}\boldsymbol{T}_i^{-1}\exp((-\delta\xi_i)^\wedge)\boldsymbol{T}_j)^\vee \tag{3-59}$$

利用伴随性质 $\exp((Ad(\boldsymbol{T})\xi)^\wedge)=\boldsymbol{T}\exp(\xi^\wedge)\boldsymbol{T}^{-1}$，可以将扰动挪到最右，导出右乘形式的雅可比矩阵：

$$\begin{aligned}\hat{\boldsymbol{e}}_{ij}&=\ln(\boldsymbol{T}_{ij}^{-1}\boldsymbol{T}_i^{-1}\exp((-\delta\xi_i)^\wedge)\exp(\delta\xi_j^\wedge)\boldsymbol{T}_j)^\vee\\&=\ln(\boldsymbol{T}_{ij}^{-1}\boldsymbol{T}_i^{-1}\boldsymbol{T}_j\exp((-Ad(\boldsymbol{T}_j^{-1})\delta\xi_i)^\wedge)\exp(Ad(\boldsymbol{T}_j^{-1})\delta\xi_j)^\wedge)^\vee\\&\approx\ln(\boldsymbol{T}_{ij}^{-1}\boldsymbol{T}_i^{-1}\boldsymbol{T}_j[I-(Ad(\boldsymbol{T}_j^{-1})\delta\xi_i)^\wedge+Ad(\boldsymbol{T}_j^{-1})\delta\xi_j)^\wedge])^\vee\\&\approx\boldsymbol{e}_{ij}+\frac{\partial\boldsymbol{e}_{ij}}{\partial\delta\xi_i}\delta\xi_i+\frac{\partial\boldsymbol{e}_{ij}}{\partial\delta\xi_j}\delta\xi_j\end{aligned} \tag{3-60}$$

因此，求出了误差关于两个位姿的雅可比矩阵。关于 $\boldsymbol{T}_i$ 的为

$$\frac{\partial\boldsymbol{e}_{ij}}{\partial\delta\xi_i}=-\boldsymbol{J}_r^{-1}(\boldsymbol{e}_{ij})Ad(\boldsymbol{T}_i^{-1}) \tag{3-61}$$

关于 $\boldsymbol{T}_j$ 的为

$$\frac{\partial\boldsymbol{e}_{ij}}{\partial\delta\xi_i}=\boldsymbol{J}_r^{-1}(\boldsymbol{e}_{ij})Ad(\boldsymbol{T}_j^{-1}) \tag{3-62}$$

如果误差接近零，就可以设它们近似为 I 或

$$\boldsymbol{J}_r^{-1}(\boldsymbol{e}_{ij})\approx\boldsymbol{I}+\frac{1}{2}\begin{bmatrix}\boldsymbol{\varphi}_e^\wedge & \boldsymbol{\rho}_e^\wedge\\ \boldsymbol{0} & \boldsymbol{\varphi}_e^\wedge\end{bmatrix} \tag{3-63}$$

了解雅可比求导后，剩下的部分就和图优化一样了。简而言之，所有的位姿顶点和位姿-位姿边构成了一个图优化，本质上是一个最小二乘问题，优化变量为各个顶点的位姿，边来自位姿观测约束。记 ε 为所有边的集合，那么总体目标函数为

$$\min\frac{1}{2}\sum_{i,j\in\varepsilon}\boldsymbol{e}_{ij}^{\mathrm{T}}\sum_{ij}^{-1}\boldsymbol{e}_{ij} \tag{3-64}$$

依然可以用高斯-牛顿法、列文伯格-马尔夸特法等求解此问题，除了用李代数表示优化位姿，别的都是相似的。

3.3 基于激光雷达的四旋翼无人机定位

激光雷达（lidar）SLAM 是一种利用激光雷达传感器进行实时环境感知的定位与建图技术。在自动驾驶、机器人导航以及无人机等领域，激光雷达由于其高精度、长距离和对环境光照条件的独立性，成为一种重要的传感器。

激光雷达 SLAM 定位的关键在于通过激光雷达扫描获得的点云数据，结合无人机的运动模型，可以实时地对环境进行建图，并在地图中定位自身位置。该技术在复杂环境下具有很高的鲁棒性，能够有效应对动态物体、纹理不足和光照变化等问题。

3.3.1 LOAM（lidar odometry and mapping）定位算法

LOAM[25]是目前使用最广泛的激光雷达 SLAM 算法之一，它通过在激光雷达数据中提取特征点，并结合优化方法进行里程计估计和地图构建。LOAM 在实时性和准确性方面表现优异，特别适用于动态和复杂环境。其结构包括前端的里程计（基于扫描匹配）和后端的图优化。

四旋翼无人机在飞行过程中需要实时获得其位姿（位置和姿态）信息，以确保安全和准确地导航。运动估计部分负责将激光雷达数据转化为精确的位姿估计，直接影响无人机的实时定位能力。所以，这里详细讲解 LOAM 用于定位的运动估计部分。

该算法中的定位部分是通过运动估计实现的。在一次扫描中，激光雷达的运动被建模为具有恒定的角度和线性速度。这使得能够在一次扫描中对不同时间接收到的点进行线性插值变换，以实现时间的精准转换。假设 t 是当前的时间，且扫描开始的时间为 t_{k+1}。$\boldsymbol{T}_{k+1}^{L}$ 是 $[t_{k+1},t]$ 之间的激光雷达姿势变换。$\boldsymbol{T}_{k+1}^{L}$ 包含激光雷达在 6-DOF 中的刚性运动：$\boldsymbol{T}_{k+1}^{L}=[t_x,t_y,t_z,\theta_x,\theta_y,\theta_z]^{\mathrm{T}}$。式中 t_x、t_y 和 t_z 是平移量，θ_x、θ_y 和 θ_z 是旋转角，遵循右手规则。给定一个点 i，$i\in P_{k+1}$，P_{k+1} 表示第 $k+1$ 次扫描期间感知到的点云。当时间为 t_i 时，$\boldsymbol{T}_{(k+1,i)}^{L}$ 为 $[t_{k+1},t_i]$ 之间的姿势变换。$\boldsymbol{T}_{(k+1,i)}^{L}$ 可以通过 $\boldsymbol{T}_{k+1}^{L}$ 的线性插值计算出来。

$$\boldsymbol{T}_{(k+1,i)}^{L}=\frac{t_i-t_{k+1}}{t-t_{k+1}}\boldsymbol{T}_{k+1}^{L} \tag{3-65}$$

记 ε_{k+1} 和 H_{k+1} 是从 P_{k+1} 中提取的边缘点和平面点的集合；$\widetilde{\varepsilon}_{k+1}$ 和 $\widetilde{H}_{k+1}$ 是从投影到扫描开始时的点集合。为了解决激光雷达的运动，需要在 ε_{k+1} 和 $\widetilde{\varepsilon}_{k+1}$，或 H_{k+1} 和 $\widetilde{H}_{k+1}$ 之间建立一种几何关系。使用式(3-65) 中的变换，可以得出：

$$\boldsymbol{X}_{(k+1,i)}^{L}=\boldsymbol{R}\widetilde{\boldsymbol{X}}_{(k+1,i)}^{L}+\boldsymbol{T}_{(k+1,i)}^{L}(1:3) \tag{3-66}$$

式中，$\boldsymbol{X}_{(k+1,i)}^{L}$ 是点在集合 ε_{k+1} 或者 H_{k+1} 中的坐标；$\widetilde{\boldsymbol{X}}_{(k+1,i)}^{L}$ 是对应的点在集合 $\widetilde{\varepsilon}_{k+1}$ 或者 $\widetilde{H}_{k+1}$ 中的坐标；$\boldsymbol{T}_{(k+1,i)}^{L}(a:b)$ 是 $\boldsymbol{T}_{(k+1,i)}^{L}$ 中的第 a 到 b 条；$\boldsymbol{R}$ 是由罗德里格斯公式定义的旋转矩阵：

$$\boldsymbol{R}=e^{\hat{\boldsymbol{\omega}}\theta}=\boldsymbol{I}+\hat{\boldsymbol{\omega}}\sin\theta+\hat{\boldsymbol{\omega}}^2(1-\cos\theta) \tag{3-67}$$

在上述方程中，θ 是旋转角大小：

$$\theta=\|\boldsymbol{T}_{(k+1)}^{L}(4:6)\| \tag{3-68}$$

$\boldsymbol{\omega}$ 表示旋转方向的单位向量：

$$\boldsymbol{\omega}=\boldsymbol{T}_{(k+1,i)}^{L}(4:6)/\|\boldsymbol{T}_{(k+1,i)}^{L}(4:6)\| \tag{3-69}$$

$\hat{\boldsymbol{\omega}}$ 是 $\boldsymbol{\omega}$ 的反对称矩阵。

由此可以推导出 ε_{k+1} 中的边点与相应的边线之间的几何关系：

$$f_{\varepsilon}(\boldsymbol{X}_{(k+1,i)}^{L},\boldsymbol{T}_{k+1}^{L})=\boldsymbol{d}_{\varepsilon},\quad i\in\varepsilon_{k+1} \tag{3-70}$$

同理，可以建立在 H_{k+1} 中的点和对应的平面 patch 之间的关系：

$$f_H(\boldsymbol{X}^L_{(k+1,i)},\boldsymbol{T}^L_{k+1})=\boldsymbol{d}_H,\quad i\in H_{k+1} \tag{3-71}$$

最后，通过 L-M 求解雷达运动。对 ε_{k+1} 和 H_{k+1} 中的每个特征点叠加式(3-70) 和式(3-71)，得到一个非线性函数：

$$f(\boldsymbol{T}^L_{k+1})=\boldsymbol{d} \tag{3-72}$$

式中，每一行 f 对应一个特征点，$\boldsymbol{d}$ 包含的是相应的距离信息。计算 f 相对于 $\boldsymbol{T}^L_{k+1}$ 的雅可比矩阵，记为 $\boldsymbol{J}$，$\boldsymbol{J}=\partial f/\partial \boldsymbol{T}^L_{k+1}$。然后，式(3-72) 能够通过非线性迭代最小化 $\boldsymbol{d}$ 无限接近 0：

$$\boldsymbol{T}^L_{k+1}\leftarrow\boldsymbol{T}^L_{k+1}-(\boldsymbol{J}^{\mathrm{T}}\boldsymbol{J}+\lambda\,\mathrm{diag}(\boldsymbol{J}^{\mathrm{T}}\boldsymbol{J}))^{-1}\boldsymbol{J}^{\mathrm{T}}\boldsymbol{d} \tag{3-73}$$

式中，λ 是由 L-M 决定的优化因子。

激光雷达的里程计算法如算法 3.1 所示。该算法将上一次扫描的点云 $\overline{P}_k$、当前扫描的增长点云 P_{k+1} 和上一次递归的姿势变换 $\boldsymbol{T}^L_{k+1}$ 作为输入。如果开始了新的扫描，则 $\boldsymbol{T}^L_{k+1}$ 被设置为零。然后，算法从 P_{k+1} 中提取特征点，在第 7 行构建 ε_{k+1} 和 H_{k+1}。对于每个特征点，在 $\overline{P}_k$ 中找到其对应关系。运动估计适用于稳健的拟合。该算法为每个特征点分配了一个二平方权重。与其对应关系有较大距离的特征点被分配较小的权重，而距离大于阈值的特征点被认为是离群值，被分配为零权重。然后，姿势变换被更新一次。如果发现收敛，或达到最大迭代数，非线性优化就会终止。如果算法达到了扫频的终点，P_{k+1} 被重新投影到时间戳 t_{k+2}，则使用扫频期间的估计运动。否则，只返回变换 $\boldsymbol{T}^L_{k+1}$ 用于下一轮递归。

算法 3.1：雷达里程计

输入：从上一次递归的结果 $\overline{P}$、P_{k+1}、$\boldsymbol{T}^L_{k+1}$

输出：$\overline{P}_{k+1}$、新计算结果 $\boldsymbol{T}^L_{k+1}$

步骤 1. 判断是否处于一次扫描的开始，如果是，执行 $\boldsymbol{T}^L_{k+1}\leftarrow 0$。

步骤 2. 检测特征点 $\overline{P}_{k+1}$ 中的边缘点和平面点：

将检测到的边缘点存入集合 ε_{k+1}；

将检测到的平面点存入集合 H_{k+1}。

步骤 3. 迭代处理，进行若干次迭代。

边缘点处理：对每个 ε_{k+1} 中的边缘点，找到对应的边缘线，计算点到边缘线的距离，将结果堆叠进方程中。

平面点处理：对每个 H_{k+1} 中的平面点，找到对应的平面，计算点到平面的距离，将结果堆叠进方程中。

步骤 4. 计算权重与优化：计算平方权重，进行非线性优化，更新位姿变量 $\boldsymbol{T}^L_{k+1}$，检查非线性优化是否收敛，如果收敛，提前退出迭代。

步骤 5. 判断是否处于扫描的结束：

如果是：将集合 P_{k+1} 中的每个点重新投影到集合，并结合上一轮递归的结果更新集合的内容，然后返回更新后的 $\boldsymbol{T}^L_{k+1}$ 和 $\overline{P}_{k+1}$；

如果不是：直接返回计算结果 $\boldsymbol{T}^L_{k+1}$。

3.3.2 FAST-LIO 算法

FAST-LIO[26] 的整体框架流程为以下三步：

① 将点云数据输入特征提取模块，提取出线、面特征；

② 将提取的线、面特征和 IMU 的观测数据输入状态估计模块，IMU 输入进行前向传播积分得到粗略位姿估计，反向传播进行运动补偿，计算雷达里程计残差，利用 eskf 估计位姿变化，直到收敛；

③ 估计的位姿将特征点云注册到全局坐标系，将之前的所有特征点云组合起来构建一个点云地图。更新后的特征地图用于在后续注册更多的新特征点。

对于四旋翼无人机而言，四旋翼无人机在飞行过程中常常需要在复杂的、动态的环境中导航，例如城市、森林或建筑物附近。这些环境中可能存在障碍物、变化的气象条件和多种干扰源。状态估计能够实时更新四旋翼无人机的位置和姿态，帮助其安全地避开障碍物并选择最优路径。因此，这里重点关注第二步中的结合 IMU 的状态估计模块。

为了估计状态公式中的状态，这里使用迭代扩展卡尔曼滤波器。此外，这里描述了在状态估计正切空间中的估计协方差。假设，上一帧雷达扫描结束时间 t_{k-1} 的最佳状态估计为 $\overline{\boldsymbol{x}}_{k-1}$（注意是估计值），对应的协方差矩阵为 $\overline{\boldsymbol{P}}_{k-1}$，那么 $\overline{\boldsymbol{P}}_{k-1}$ 表示如下定义的随机误差状态向量的协方差：

$$\widetilde{\boldsymbol{x}}_{k-1}=\boldsymbol{x}_{k-1}-\overline{\boldsymbol{x}}_{k-1}=[\partial\boldsymbol{\theta}^{\mathrm{T}}\ {}^{G}\widetilde{\boldsymbol{p}}_{I}^{\mathrm{T}}\ {}^{G}\widetilde{\boldsymbol{v}}_{I}^{\mathrm{T}}\ \widetilde{\boldsymbol{b}}_{w}^{\mathrm{T}}\ \widetilde{\boldsymbol{b}}_{a}^{\mathrm{T}}\ {}^{G}\widetilde{\boldsymbol{g}}^{\mathrm{T}}]^{\mathrm{T}} \tag{3-74}$$

式中，$\partial\boldsymbol{\theta}=\log({}^{G}\overline{\boldsymbol{R}}_{I}^{\mathrm{T}}\,{}^{G}\boldsymbol{R}_{I})$ 为姿态误差，其余的为标准附加误差；$\boldsymbol{x}$ 为真实状态，其估计值为 $\overline{\boldsymbol{x}}$，则估计误差为 $\widetilde{\boldsymbol{x}}=\boldsymbol{x}-\overline{\boldsymbol{x}}$。直观上，姿态误差$\partial\boldsymbol{\theta}$ 描述了真实姿态与估计姿态之间的小偏差。这种误差定义的主要优点是，它允许用 3×3 协方差矩阵 $\boldsymbol{E}\{\delta\boldsymbol{\theta}\delta\boldsymbol{\theta}^{\mathrm{T}}\}$ 表示姿态的不确定性。由于姿态有三个自由度，因此这是一个最小表现形式。

系统一旦接收到 IMU 的数据就开始前向传播。更具体地说，状态通过式(3-75) 进行传播，并将过程噪声 $\boldsymbol{w}_i$ 置为 0：

$$\boldsymbol{x}_{i+1}=\boldsymbol{x}_i+(\Delta t f(\boldsymbol{x}_i,\boldsymbol{u}_i,\boldsymbol{w}_i)) \tag{3-75}$$

$$\widehat{\boldsymbol{x}}_{i+1}=\widehat{\boldsymbol{x}}_i+(\Delta t f(\widehat{\boldsymbol{x}}_i,\boldsymbol{u}_i,0));\widehat{\boldsymbol{x}}_0=\overline{\boldsymbol{x}}_{k-1} \tag{3-76}$$

式中，$\Delta t=\tau(i+1)-\tau i$，即在雷达扫描周期内，其中两帧 IMU 的时间差。为了传播协方差，使用下面获得的误差状态动态模型：

$$\begin{aligned}\widetilde{\boldsymbol{x}}_{i+1}&=\boldsymbol{x}_{i+1}-\widehat{\boldsymbol{x}}_{i+1}\\&=(\boldsymbol{x}_i+\Delta t f(\boldsymbol{x}_i,\boldsymbol{u}_i,\boldsymbol{w}_i))-(\widehat{\boldsymbol{x}}_i+\Delta t f(\widehat{\boldsymbol{x}}_i,\boldsymbol{u}_i,0))\\&\approx\boldsymbol{F}_{\widetilde{x}}\widetilde{\boldsymbol{x}}_i+\boldsymbol{F}_{w}\boldsymbol{w}_i\end{aligned} \tag{3-77}$$

将白噪声 $\boldsymbol{w}$ 的协方差表示为$\boldsymbol{Q}$，则可以根据下面方程迭代计算传播的协方差矩阵 $\widehat{\boldsymbol{P}}_i$。

$$\widehat{\boldsymbol{P}}_{i+1}=\boldsymbol{F}_{\widetilde{x}}\widehat{\boldsymbol{P}}_i\boldsymbol{F}_{\widetilde{x}}^{\mathrm{T}}+\boldsymbol{F}_{w}\boldsymbol{Q}\boldsymbol{F}_{w}^{\mathrm{T}};\widehat{\boldsymbol{P}}_0=\overline{\boldsymbol{P}}_{k-1} \tag{3-78}$$

式中，$\widehat{\boldsymbol{P}}_k$ 表示全局真实状态 $\boldsymbol{x}_k$ 与传播状态 $\widehat{\boldsymbol{x}}_k$ 之间误差的协方差矩阵。当点云累计时间间隔达到 t_k 时，新扫描的特征点应该与传播状态 $\widehat{\boldsymbol{x}}_k$、协方差矩阵 $\widehat{\boldsymbol{P}}_k$ 融合，以生成最优状态更新。然后，新的扫描时间位于 t_k。注意，雷达采样时间 $\rho_j\in(t_{k-1},t_k]$，但特征点

是在各自的采样时间 $\rho_j \in (t_{k-1}, t_k]$下测量的，$\rho_j \leqslant t_k$，从而导致特征点与 body 参考坐标系中的全局点云地图失配。

为了补偿在时间 ρ_j 到 t_k 之间特征点云的运动失真，从 $\hat{\boldsymbol{x}}_k$ 的零位姿与静止状态（例如，速度，零偏）开始，将式(3-75) 进行反向传播得到下面的公式：

$$\check{\boldsymbol{x}}_{j-1} = \check{\boldsymbol{x}}_j + (-\Delta t f(\check{\boldsymbol{x}}_j, \boldsymbol{u}_j, 0)) \tag{3-79}$$

反向传播会根据特征点的频率执行，特征点的频率通常比 IMU 频率高得多（注意，这里描述的不是点云频率，而是点的频率，常见的机械式激光雷达、固态激光雷达的点云频率通常为 5Hz、10Hz、15Hz、20Hz，而点的频率是非常高的，例如 16 线的 Velodyne，点云频率为 10Hz，每条激光线束通常有 2000 个点，16×2000÷0.1 即为点的频率）。对于两帧 IMU 测量之间采样的所有特征点，使用左 IMU 测量作为反向传播的输入（t_{k-1}～t_k），也就是说把 t_k 作为反向传播的输入。反向传播将在时间 ρ_j 与雷达扫描结束时间 t_k 之间产生一个相对位姿，这个相对位姿将雷达局部测量值 ${}^{L_j}\boldsymbol{p}_{f_j}$ 投影到扫描结束测量值 ${}^{L_k}\boldsymbol{p}_{f_j}$ 下，公式如下：

$${}^{L_k}\boldsymbol{p}_{f_j} = {}^{I}\boldsymbol{T}_L^{-1}\, {}^{I_k}\check{\boldsymbol{T}}_{I_j}\, {}^{I}\boldsymbol{T}_L\, {}^{L_j}\boldsymbol{p}_{f_j} \tag{3-80}$$

式中，${}^{I}\boldsymbol{T}_L$ 就是雷达到 IMU 的外参矩阵。然后利用投影点 ${}^{L_k}\boldsymbol{p}_{f_j}$ 去构造残差，参考以下内容。

激光雷达点云的特征点经过式(3-80) 运动补偿后，就可以将所有的特征点集合 $\{{}^{L_k}\boldsymbol{p}_{f_j}\}$ 都当作是 t_k 时刻采样的，并利用它们来构造残差。假设当前的卡尔曼滤波器的迭代次数为 K，对应的状态估计为 $\hat{\boldsymbol{x}}_k^k$。当 $k=0$ 时，$\hat{\boldsymbol{x}}_k^K = \hat{\boldsymbol{x}}_k$，即来自式(3-76) 传播的预测状态。然后，特征点 $\{{}^{L_k}\boldsymbol{p}_{f_j}\}$ 可以全部转换到全局坐标系 G（第一帧 IMU 数据为原点的坐标系）下，如式(3-81) 所示。

$${}^{G}\hat{\boldsymbol{p}}_{f_j}^K = {}^{G}\hat{\boldsymbol{T}}_{I_k}^K\, {}^{I}\boldsymbol{T}_L\, {}^{L_k}\boldsymbol{p}_{f_j}; \quad j=1,\cdots,m \tag{3-81}$$

对每个激光雷达特征点而言，假设由其附近特征点在地图中定义的最近的平面或边缘是该点真实所属的位置。也就是说，残差被定义为，原特征点被估计到全局坐标系后的位置，即 ${}^{G}\hat{\boldsymbol{p}}_{f_j}^K$ 到全局地图中对应边缘或平面的距离。定义 $\boldsymbol{u}_j$ 为对应平面的法向量（或者边的方向），点 ${}^{G}\boldsymbol{q}_j$ 位于该平面上，则残差 $\boldsymbol{z}_j^K$ 的计算公式可以表示为：

$$\boldsymbol{z}_j^K = \boldsymbol{G}_j({}^{G}\hat{\boldsymbol{p}}_{f_j}^K - {}^{G}\boldsymbol{q}_j) \tag{3-82}$$

式中，$\boldsymbol{G}_j = \boldsymbol{u}_j^{\mathrm{T}}$ 对应平面特征，$\boldsymbol{G}_j = \lfloor \boldsymbol{u}_j \rfloor_\wedge$ 对应边缘特征。而 $\boldsymbol{u}_j$ 的计算与地图上最近点 ${}^{G}\boldsymbol{q}_j$ 的搜索，都是通过在最近点云地图上建立的 KD-tree 实现的。此外，整个过程只会考虑其标准值低于一定阈值（如 0.5m）的残差，而残差高于阈值的点会被定义为离群值或新观测到的点。

为了将式(3-82) 中计算得到的残差 $\boldsymbol{z}_j^K$ 与从 IMU 数值中前向传播得到的状态估计 $\hat{x}_k$ 和协方差 $\hat{\boldsymbol{P}}_k$ 融合，这里需要将残差 $\boldsymbol{z}_j^K$ 与全局真实状态 $\boldsymbol{x}_k$、测量噪声相关联，并将测量模型进行线性化。雷达测量噪声，源于测量点 ${}^{L_j}\boldsymbol{p}_{f_j}$ 处的雷达变化与波束定向噪声 ${}^{L_j}\boldsymbol{n}_{f_j}$

（L_j 代表 j 时刻的雷达坐标系，f_j 为时间戳）。从测量点 ${}^{L_j}\boldsymbol{p}_{f_j}$ 中移除该噪声，就可得到正确的点位：

$$ {}^{L_j}\boldsymbol{p}_{f_j}^{gt} = {}^{L_j}\boldsymbol{p}_{f_j} - {}^{L_j}\boldsymbol{n}_{f_j} \tag{3-83} $$

上述得到的真实点，再通过式(3-80) 将其投影到帧 L_k 下，然后投影到具有真实状态 x_k 的全局坐标系下，应该正好位于全局地图中的平面（或边缘）上，即

$$ 0 = h_j(\boldsymbol{x}_k, {}^{L_j}\boldsymbol{n}_{f_j}) = G_j({}^{G}\boldsymbol{T}_{I_k}\, {}^{I_k}\check{\boldsymbol{T}}_{I_j}\, {}^{I}\boldsymbol{T}_{L}({}^{L_j}\boldsymbol{p}_{f_j} - {}^{L_j}\boldsymbol{n}_{f_j}) - {}^{G}\boldsymbol{q}_j) \tag{3-84} $$

由于上述公式是非线性的，因此需要将其线性化，通过在 $\hat{\boldsymbol{x}}_k^K$ 处进行一阶泰勒展开来近似上述方程，得到

$$ \begin{aligned} 0 &= h_j(\boldsymbol{x}_k, {}^{L_j}\boldsymbol{n}_{f_j}) \approx h_j(\hat{\boldsymbol{x}}_k^K, 0) + \boldsymbol{H}_j^K \tilde{\boldsymbol{x}}_k^K + v_j \\ &= \boldsymbol{z}_j^K + \boldsymbol{H}_j^K \tilde{\boldsymbol{x}}_k^K + v_j \end{aligned} \tag{3-85} $$

式中，$\boldsymbol{H}_j^K$ 为函数 $\boldsymbol{h}_j(\hat{\boldsymbol{x}}_k^K + \tilde{\boldsymbol{x}}_k^K, {}^{L_j}\boldsymbol{n}_{f_j})$。结合先验与式(3-85) 计算的后验，可以得到极大后验估计的计算公式：

$$ \min_{\tilde{\boldsymbol{x}}_k^K} \left(\| \boldsymbol{x}_k - \hat{\boldsymbol{x}}_k \|_{\hat{\boldsymbol{P}}_k^{-1}}^2 + \sum_{j=1}^{m} \| \boldsymbol{z}_j^K + \boldsymbol{H}_j^K \tilde{\boldsymbol{x}}_k^K \|_{R_j^{-1}}^2 \right) \tag{3-86} $$

将先验的线性化代入式(3-86)，并优化最终的二次成本，可以得到标准的迭代卡尔曼滤波器，可以用于如下计算：

$$ \begin{aligned} &\boldsymbol{K} = \boldsymbol{P}\boldsymbol{H}^{\mathrm{T}}(\boldsymbol{H}\boldsymbol{P}\boldsymbol{H}^{\mathrm{T}} + \boldsymbol{R})^{-1}, \\ &\hat{\boldsymbol{x}}_k^{K+1} = \hat{\boldsymbol{x}}_k^K + (-\boldsymbol{K}\boldsymbol{z}_k^K - (\boldsymbol{I} - \boldsymbol{K}\boldsymbol{H})(J^K))^{-1}(\hat{\boldsymbol{x}}_k^K - \hat{\boldsymbol{x}}_k) \end{aligned} \tag{3-87} $$

从而得到更新过后的估计值 $\hat{\boldsymbol{x}}_k^{K+1}$，并将其用于模块中的残差计算，且一直持续重复该过程，直到满足如下阈值［式(3-88)］所示的收敛条件。

$$ (i.e., \| \hat{\boldsymbol{x}}_k^{K+1} - \hat{\boldsymbol{x}}_k^K \| < \varepsilon) \tag{3-88} $$

收敛后，可得到最优状态估计与协方差：

$$ \bar{\boldsymbol{x}}_k = \hat{\boldsymbol{x}}_k^{K+1}, \bar{\boldsymbol{P}}_k = (\boldsymbol{I} - \boldsymbol{K}\boldsymbol{H})\boldsymbol{P} \tag{3-89} $$

以上最优状态估计提供了激光雷达和 IMU 的位置信息和姿态信息，可以用于四旋翼无人机的定位和导航。通过状态估计，四旋翼无人机能够精确地知道其在环境中的位置和方向，从而进行有效的路径规划和运动控制。协方差矩阵提供了状态估计的不确定性信息。通过分析这个协方差矩阵，四旋翼无人机可以了解其位置和姿态估计的可靠程度。这对于进行数据融合、传感器选择和故障检测等方面非常重要。高协方差值可能表明当前状态估计的不确定性较大，可能需要更精确的传感器数据或更好的状态估计方法。

参考文献

［1］ Davison. Real-time simultaneous localisation and mapping with a single camera［C］//Proceedings Ninth IEEE International Conference on Computer Vision. IEEE，2003：1403-1410 vol. 2.

[2] He M, Zhu C, Huang Q, et al. A review of monocular visual odometry [J]. The Visual Computer, 2020, 36 (5): 1053-1065.

[3] Elnashef B, Filin S. Target-free calibration of flat refractive imaging systems using two-view geometry [J]. Optics and Lasers in Engineering, 2022, 150: 106856.

[4] Wu H, Yang W, Liu J. Image Matching Algorithm for Remote Sensing based on FAST-9 and SURF [C]//2015 2nd International Workshop on Materials Engineering and Computer Sciences. Atlantis Press, 2015: 331-334.

[5] Zhang L, Zhang Y. Improved feature point extraction method of ORB-SLAM2 dense map [J]. Assembly Automation, 2022, 42 (4): 552-566.

[6] Wang Y, Zhao L, Gong L, et al. A monocular SLAM system based on SIFT features for gastroscope tracking [J]. Medical & Biological Engineering & Computing, 2023, 61 (2): 511-523.

[7] Jiang H, Liu P, Yang Q, et al. A Fast Image Matching Method Based on Improved SURF [C]//Journal of Physics: Conference Series. IOP Publishing, 2023, 2575 (1): 012002.

[8] Wu K. Creating panoramic images using ORB feature detection and RANSAC-based image alignment [J]. Advances in Computer and Communication, 2023, 4 (4): 220-224.

[9] Xu X, Fei Z, Tan Z, et al. Improved calibration method based on the RANSAC approach and an improved gray centroid method for a laser-line-based structured light system [J]. Applied optics, 2019, 58 (35): 9603-9613.

[10] Charfi S, EL Ansari M, Koutti L, et al. Feature Pyramid Network Based Spatial Attention and Cross-Level Semantic Similarity for Diseases Segmentation From Capsule Endoscopy Images [J]. International Journal of Imaging Systems and Technology, 2024, 34 (6): e23194.

[11] Ahmad F, Ahmad T. Hybrid Oriented FAST Rotated BRIEF and Non-Rotational-Invariant Uniform Local Binary Patterns for CBMIR [J]. Journal of The Institution of Engineers (India): Series B, 2022, 103 (6): 1949-1959.

[12] Liu H, Xiao G F. Remote sensing image registration based on improved KAZE and BRIEF descriptor [J]. International Journal of Automation and Computing, 2020, 17 (4): 588-598.

[13] Huang S, Sun G, Li M. FAST and FLANN for feature matching based on SURF [C]//2021 33rd Chinese Control and Decision Conference. IEEE, 2021: 1584-1589.

[14] Papadimitriou D V, Dennis T J. Epipolar line estimation and rectification for stereo image pairs [J]. IEEE Transactions on Image Processing, 1996, 5 (4): 672-676.

[15] Gao X S, Hou X R, Tang J, et al. Complete solution classification for the perspective-three-point problem [J]. IEEE Transactions on Pattern Analysis and Machine Intelligence, 2003, 25 (8): 930-943.

[16] Lepetit V, Moreno-Noguer F, Fua P. EPnP: An accurate O (n) solution to the PnP problem [J]. International journal of computer vision, 2009, 81: 155-166.

[17] Penate-Sanchez A, Andrade-Cetto J, Moreno-Noguer F. Exhaustive linearization for robust camera pose and focal length estimation [J]. IEEE Transactions on Pattern Analysis and Machine Intelligence, 2013, 35 (10): 2387-2400.

[18] Zhang J, Yao Y, Deng B. Fast and robust iterative closest point [J]. IEEE Transactions on Pattern Analysis and Machine Intelligence, 2021, 44 (7): 3450-3466.

[19] Dellaert F. Visual slam tutorial: Bundle adjustment [J]. CVPR tutorial, 2014.

[20] Lucas B D, Kanade T. An iterative image registration technique with an application to stereo vision [C]//IJCAI'81: 7th International Joint Conference on Artificial Intelligence. 1981, 2: 674-679.

[21] Peng G, Ren Z, Gao Q, et al. Reprojection Error Analysis and Algorithm Optimization of Hand-Eye Calibration for Manipulator System [J]. Sensors, 2023, 24 (1): 113.

[22] Forster C, Pizzoli M, Scaramuzza D. SVO: Fast semi-direct monocular visual odometry [C]//2014 IEEE International Conference on Robotics and Automation. IEEE, 2014: 15-22.

[23] Engel J, Schöps T, Cremers D. LSD-SLAM: Large-scale direct monocular SLAM [C]//European conference

on computer vision. Cham: Springer International Publishing, 2014: 834-849.

[24] Jurić A, Kendeš F, Marković I, et al. A comparison of graph optimization approaches for pose estimation in SLAM [C]//2021 44th International Convention on Information, Communication and Electronic Technology. IEEE, 2021: 1113-1118.

[25] Zhang J, Singh S. LOAM: Lidar odometry and mapping in real-time [C]//Robotics: Science and systems. 2014, 2 (9): 1-9.

[26] Xu W, Zhang F. Fast-lio: A fast, robust lidar-inertial odometry package by tightly-coupled iterated kalman filter [J]. IEEE Robotics and Automation Letters, 2021, 6 (2): 3317-3324.

第4章 四旋翼无人机导航常用地图

在四旋翼无人机的自主导航与定位中，地图的构建与应用是关键技术之一。地图不仅帮助无人机识别和理解周围环境，还能在复杂的飞行任务中提供稳定的定位支持。

本章将深入探讨四旋翼无人机使用的几种常见地图类型，包括尺度地图中的点云地图、特征地图、栅格地图和占据栅格地图。每种地图都有其独特的优势与应用场景，适应不同的环境和任务需求。点云地图通常利用激光雷达（LiDAR）或深度传感器生成，具有较高的空间精度；特征地图则通过提取环境中的显著特征点来构建，适用于动态环境的实时更新；栅格地图和占据栅格地图则通过将环境分割成规则的网格单元，方便处理大规模区域的障碍物检测与路径规划。此外，随着智能化与语义理解的需求增加，语义地图和拓扑地图成为无人机导航中的新兴研究方向，它们能够提供更高层次的环境理解和更复杂的任务执行能力。通过这些不同类型的地图，四旋翼无人机能够在复杂环境中实现精准导航与智能决策。

4.1 尺度地图

尺度地图指具有真实物理尺寸的地图，是一个多层次的地图表示方式，旨在处理不同空间尺度上的环境信息。

在四旋翼无人机的导航与定位中，尺度地图通过整合来自不同尺度的数据，帮助无人机在复杂环境中实现精准定位与路径规划。尺度地图通常包括多个层次，例如点云地图、特征地图、栅格地图和占据栅格地图，每个层次代表环境的不同分辨率和细节。例如，点云地图通过激光雷达或深度传感器生成，能够准确表示环境的三维结构；栅格地图则将空间分割为规则的网格单元，适用于大范围的区域分析。

尺度地图的优势在于它能够根据需要灵活地选择和融合不同尺度的数据，既能够处理大范围的环境信息，也能够聚焦于细小障碍物和复杂区域，为四旋翼无人机提供高效的导航与避障能力。

4.1.1 点云地图

点云地图是一组点的集合，每个点由三维坐标（x,y,z）以及可能的附加信息（如颜色、反射强度）组成，表示物体或环境的空间位置[1]。常见的点云地图形式如图 4-1 所示。

图 4-1　点云地图

图 4-2 所示是图 4-1 的细节展示，可以看出该建筑物的表面由点云构成。

图 4-2 点云地图细节

点云数据直接反映三维空间的结构细节，精度高；点云通常数据量大，需要较高的存储和计算能力；点与点之间没有直接连接，需要额外的处理来构建连续的几何结构（如网格或曲面）。

点云在组成特点上分为两种，一种是有序点云，一种是无序点云。

有序点云：一般由深度图还原的点云中，有序点云按照图方阵呈现为多行的，从左上角到右下角排列，当然其中有一些无效点。有序点云按顺序排列，可以很容易地找到它的相邻点信息。有序点云在用于某些处理的时候还是很便利的，但是很多情况下是无法获取有序点云的。

无序点云：三维空间中点的集合，点排列之间没有任何顺序，点的顺序变换后没有任何影响，是比较普遍的点云形式。有序点云也可看作无序点云来处理。

点云不是通过普通的相机拍摄得到的，一般是通过三维成像传感器获得，比如双目相机、三维扫描仪、RGB-D 相机等。目前主流的 RGB-D 相机有微软的 Kinect 系列、Intel 的 RealSense 系列等。点云可以通过扫描的 RGB-D 图像，以及扫描相机的内在参数来创建，方法是通过相机校准，使用相机内在参数计算真实世界的点（x,y,z）。因此，RGB-D 图像是网格对齐的图像，而点云则是更稀疏的结构。此外，获得点云的较好方法还包括 LiDAR 激光探测与测量，主要通过星载、机载和地面三种方式获取。

4.1.2 栅格地图

栅格地图是一种二维离散表示，将地图划分为固定大小的网格单元，每个网格对应一个位置，记录简单的状态信息（如空闲、障碍物）。

栅格地图的构建与操作相对简单，特别适合用于传统的路径规划算法。然而，地图的分辨率越高，其细节表现力越强，但随之而来的存储需求和计算开销也会显著增加。此外，栅格地图通常基于静态环境的假设，而在动态环境中则需要额外的处理机制以应对环境变化，从而保证其准确性和实用性。

构建栅格地图需要使用激光雷达或相机传感器，但感知噪声的存在会导致测量不一定准确。以四旋翼无人机为例，无人机在同一位姿下的不同时刻，通过激光雷达对一个固定的障碍物的探测距离不一致，一帧为 5m，一帧为 5.1m，但不能把 5m 和 5.1m 的位置都标记为障碍物。因此，需要使用占据栅格地图构建算法。

(1) 占据栅格地图

占据栅格地图是在普通栅格地图的基础上加入概率信息，每个网格用概率值表示其是否被占据（0～1 之间），能够更好地适应传感器的不确定性[2]。

对于每一个栅格，用 $p(s=1)$ 来表示 Free 状态的概率，用 $p(s=0)$ 来表示 Occupied 状态的概率，两者之和为 1。占据栅格地图形式如图 4-3 所示。

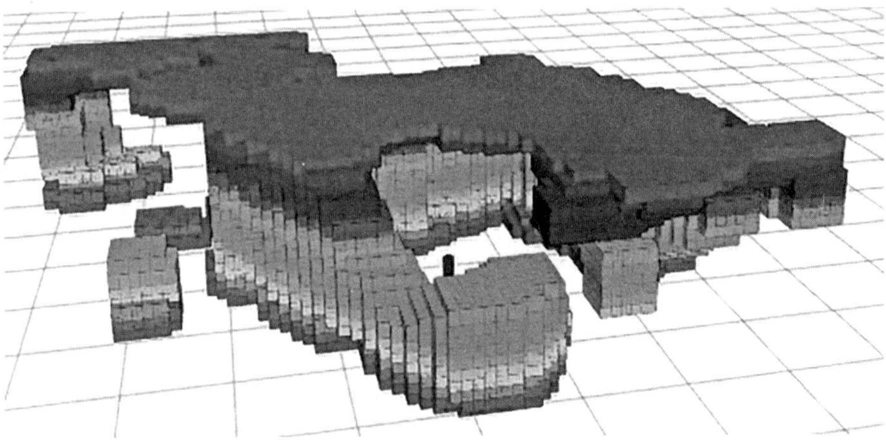

图 4-3　室内场景的占据栅格地图

由于仅使用两个值表示一个栅格的状态严谨性较低，所以引入两者的比值表示栅格的状态：

$$Odd(s)=\frac{p(s=1)}{p(s=0)} \tag{4-1}$$

当激光雷达测量值的观测结果（$z\sim\{0,1\}$）到来之后，相关的栅格就要更新栅格状态 $Odd(s)$。假设激光雷达测量值到来之前，该栅格的状态为 $Odd(s)$，则到来之后，更新栅格的状态为：

$$Odd(s|z)=\frac{p(s=1|z)}{p(s=0|z)} \tag{4-2}$$

这种表达方式类似于条件概率，表示在 z 发生条件下栅格的状态。根据贝叶斯公式得出以下两个式子：

$$p(s=1|z)=\frac{p(z|s=1)p(s=1)}{p(z)} \tag{4-3}$$

$$p(s=0|z)=\frac{p(z|s=0)p(s=0)}{p(z)} \tag{4-4}$$

将上述两个式子代入 $Odd(s|z)$之后可得：

$$\begin{aligned}
Odd(s|z)&=\frac{p(s=1|z)}{p(s=0|z)}\\
Odd(s|z)&=\frac{p(z|s=1)p(s=1)}{p(z|s=0)p(s=0)}\\
Odd(s|z)&=\frac{p(z|s=1)}{p(z|s=0)}\times\frac{p(s=1)}{p(s=0)}\\
Odd(s|z)&=\frac{p(z|s=1)}{p(z|s=0)}\times Odd(s)
\end{aligned} \tag{4-5}$$

对上式两边同时取对数，即栅格状态表示方法再一次发生改变，用对数形式表示一个栅格的状态。

$$\log Odd(s|z)=\log\frac{p(z|s=1)}{p(z|s=0)}+\log Odd(s) \tag{4-6}$$

此时，含有测量值的项就只有 $\log\frac{p(z|s=1)}{p(z|s=0)}$了。这个比值称为测量值的模型。$\log\frac{p(z|s=1)}{p(z|s=0)}$的选项只有 $lofree$ 和 $looccu$ 两种，因为激光雷达对一个栅格的观测结果只有两种，占据和空闲。

$$\begin{aligned}
lofree&=\log\frac{p(z=0|s=1)}{p(z=0|s=0)}\\
looccu&=\log\frac{p(z=1|s=1)}{p(z=1|s=0)}
\end{aligned} \tag{4-7}$$

如果用 $\log Odd(s)$ 来表示栅格 s 的状态 S，那么更新规则进一步地简化为：

$$S^{+}=S^{-}+\log\frac{p(z|s=1)}{p(z|s=0)} \tag{4-8}$$

式中，S^{+} 和 S^{-} 分别表示考虑测量值之后和之前栅格 s 的状态。

此外，一个栅格的初始状态 S_{init} 为默认栅格空闲和栅格占用的概率都为 0.5。

$$S_{init}=\log Odd(s)=\log\frac{p(s=1)}{p(s=0)}=\log\frac{0.5}{0.5}=0 \tag{4-9}$$

经过上述的建模，更新一个栅格的状态只需要做简单的加法即可。

$$S^{+}=S^{-}+lofree \text{ or } S^{+}=S^{-}+looccu \tag{4-10}$$

（2）ESDF 地图

ESDF，即欧几里得符号距离场（Euclidean signed distance field），是一种以欧几里得距离为核心构建的地图表示形式。最基础的地图是占据栅格地图 Occupancy map，每个格子标明了该位置是否被物体占据。然而对于规划和避障而言，地图中的占据信息是不够的，还需要障碍距离、方向等信息。ESDF 地图弥补了这个缺陷。ESDF 是基于占据栅格地图生成的一种连续地图，每个单元格存储的是其到最近障碍物的欧几里得距离。这种距离反映了单元格到障碍物的最短直线距离。正值表示单元格位于空闲区域，负值表示单元格位于占据区域，零值表示单元格位于障碍物表面。它不仅在路径规划中至关重要，还在碰撞检测、动态环境建模以及基于距离的机器人导航任务中发挥重要作用。例如，在机器人路径规划中，ESDF 能够快速提供机器人与障碍物的最近距离，从而有效避免碰撞并优化路径质量。

一个经典的 ESDF 地图更新方法是 Boris Lau 等人[3]在 Kalra 的表示法[4]基础上提出的，被称为更新欧几里得距离图算法（updating euclidean distance map），其使用了一种动态的 brushfire 方法来迭代计算距离，该算法的伪代码如算法 4.1 所示。

算法 4.1　更新欧几里得距离图算法

步骤 1　设置障碍点。

① 将当前障碍点位置 s 标记为障碍（$obst \leftarrow s$）；

② 初始化障碍点的距离为 0（$dist \leftarrow 0$）；

③ 将点 s 插入开放列表，初始优先级为 0。

步骤 2　移除障碍点

① 清除位置 s 的障碍标记；

② 将状态标记为需要重新计算距离；

③ 将点 s 插入开放列表，初始优先级为 0。

步骤 3　更新距离图

① 当开放列表 open 非空时，重复以下操作：

- 从开放列表中弹出优先级最高的点 s。
- 如果当前状态标记为需要重新提升距离，则转到步骤 4 提升距离；如果点 s 是障碍点，则转到步骤 5 降低距离。

② 返回更新后的距离图。

步骤 4　提升距离

遍历与点 s 邻接的所有点 n：如果点 n 不是障碍点，清除该点，并将状态标记为需要进一步提升距离；如果点 n 是障碍点，则将点 n 插入开放列表，其优先级为点到障碍的距离。完成后，将状态标记为不需要提升；

步骤 5　降低距离

遍历与点 s 邻接的所有点 n：如果邻接点 n 不需要提升距离，则计算邻接点到障碍点的欧几里得距离；如果计算出的距离小于当前记录的最短距离，则更新，记录新的最短距离，将点 n 标记为障碍点，插入点 n 到开放列表，带有更新的距离优先级；如果距离未更新，则检查是否需要更新邻接关系。

结束

该算法是一种动态更新技术，广泛应用于机器人导航、路径规划和动态环境建模中。它能够快速更新距离图，以反映环境中新增或移除障碍物的变化情况。该算法的核心思想是基于波前（wavefronts）的概念来传播距离更新信息，通过优先队列高效处理波前传播，从而在障碍物变化时迅速更新受影响区域的距离值。在动态环境中，当障碍物新增或移除时，直接重新计算整个距离图代价高昂，尤其是在大规模地图中，而该更新算法正是为了解决这一问题，通过仅更新受影响区域的距离值，大幅提升效率。

算法通过以下步骤实现欧几里得距离图的动态更新：

① 新增障碍物：将新增的障碍物单元标记为占用，距离设为零，并插入优先队列以启动降低波前的传播。

② 移除障碍物：将移除的障碍物单元清除障碍标记，标记为需要提升，并插入优先队列以启动提升波前的传播。

③ 波前传播：利用优先队列按照距离值处理波前传播。优先队列中的单元按距离排序，确保最近的单元优先处理，从而实现波前的逐步传播和距离更新。降低波前即从新增障碍物单元开始，更新周围邻域单元的最近距离和最近障碍物的坐标。提升波前即从移除障碍物单元开始，清除所有与该障碍物相关的距离条目，并传播到邻域单元。

算法采用优先队列对单元进行排序，按距离值从小到大处理波前传播。优先队列的高效实现对于算法性能至关重要。为了进一步优化插入和检索操作，算法使用桶式排序技术[5]（bucket sorting），将具有相同距离的单元汇集到同一个桶中，显著降低了操作复杂度，从传统的 $O(\log n)$ 降为常数时间。

算法所涉及的波前包含提升波前（“raise” wavefronts）和降低波前（“lower” wavefronts）两种，这两者的传播是交织进行的。当新增和移除障碍物同时发生时，波前可能会在某些单元重叠。为了正确处理这种情况，算法使用一个布尔标志来区分单元是否属于提升波前或降低波前，并动态更新优先队列中的条目以避免重复计算。

在初始状态下，所有单元的距离值为无穷大，最近障碍物的坐标为未定义。障碍物单元的距离设为零，并将其坐标设为自身。在处理新增障碍物时，将新增障碍物单元插入优先队列，并启动降低波前。对于每个从优先队列中弹出的单元，计算其到障碍物的欧几里得距离，并与当前存储的距离进行比较。如果距离更短，则更新该单元的距离值和最近障碍物坐标，并将其邻域单元插入队列以继续传播。在处理移除障碍物时，清除移除障碍物单元的距离值和最近障碍物坐标，并标记为提升波前。对于提升波前传播到的单元，清除所有与已移除障碍物相关的距离条目。如果单元与其他障碍物仍有距离关系，则在传播结束时由降低波前重新计算距离值。当优先队列中存在重复条目（例如提升波前与降低波前重叠）时，算法会丢弃较早入队的条目，仅处理最新条目，避免冗余计算。算法最终输出一个更新后的距离图，其中每个单元存储其到最近障碍物的欧几里得距离。同时，障碍物参考地图对象存储所有单元的最近障碍物坐标。如果某个单元被占用，其距离为零，最近障碍物为其自身。

4.1.3 特征地图

特征地图（feature map），是一种较为稀疏的地图。特征地图仅包含有特征点的空间点，常见于视觉 SLAM。在 SLAM 系统中，特征地图是指在机器人执行定位和地图构建任务的过程中，从环境中提取的特征的集合。这些特征通常用于生成环境的地图，并帮助机器人在地图上确定其当前位置。SLAM 的目标是通过视觉、激光雷达、IMU 等传感器来同时完成定位和地图构建，而特征地图正是 SLAM 中用于表示环境的一种核心方法[6]。图 4-4 是特征地图的概念图。

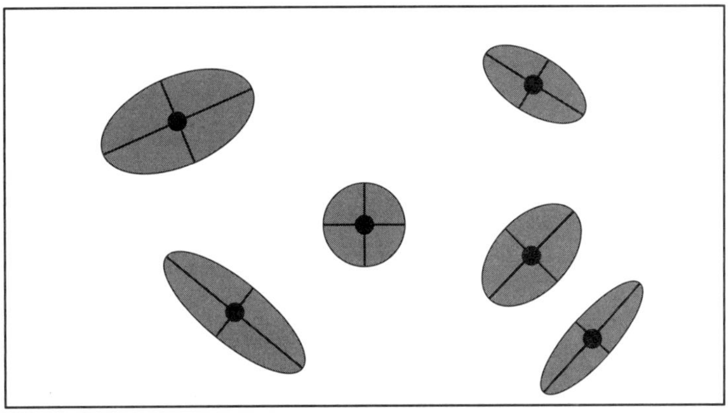

图 4-4　特征地图概念图

特征地图的基本作用是帮助机器人在一个不断变化的环境中进行自我定位，并建立一个精确的环境模型。常见的特征地图有基于点特征（如 SURF、SIFT 特征）、基于线特征（如线段和边界）以及基于图像的全局特征（如深度图、语义图等）等。特征地图通常由机器人从环境中感知并提取的特征点、特征区域、线段或其他形状构成。这些特征被映射到一个全球坐标系中，随着机器人在环境中移动，特征地图会被逐步更新。SLAM 系统通过对这些特征地图的使用来实现定位和地图构建的同步进行。

图 4-5 所示为采用 ORB-SLAM3 算法[7]，提取点特征后建立的特征地图。

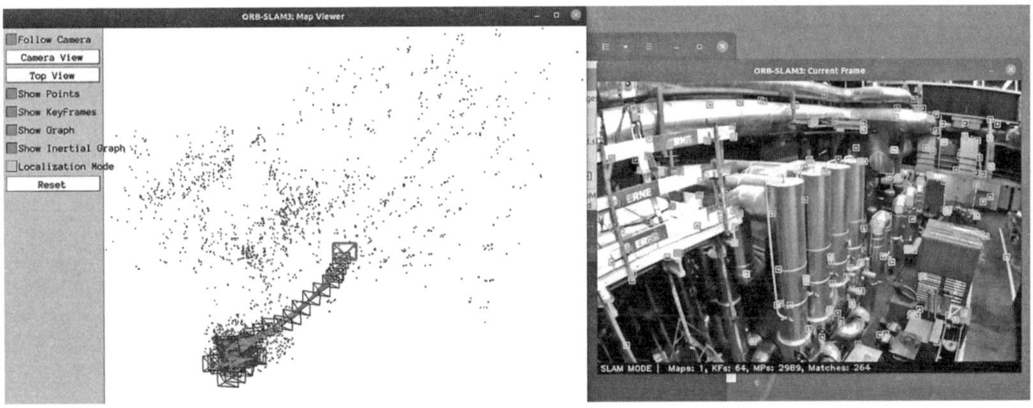

图 4-5　ORB-SLAM3 建立的点特征地图

特征地图的类型与所用的传感器以及特征提取方法密切相关。不同的特征类型有不同的优缺点，通常根据场景和任务的不同需求来选择合适的特征。具体来说，不同特征所对应的场景和任务如下：

① 点特征：例如 SIFT（尺度不变特征变换）、SURF（加速稳健特征）和 ORB（Oriented FAST and Rotated BRIEF）等算法，常用于从图像中提取局部特征点。点特征相对简单，计算效率较高，适合动态变化的环境。但是，点特征的精度和鲁棒性可能在纹理较少或重复结构的环境中下降。

② 线段特征：使用激光雷达（LiDAR）或深度相机可以提取环境中的线段，这些线

段可以作为地图的一个重要组成部分。线段特征在很多结构化环境（如建筑物、道路）中非常有用，能够提供更加稳定和精确的定位。但是，线段特征对于不规则或杂乱的环境可能不太适用。

③ 面特征：有些 SLAM 系统使用基于平面拟合的算法来识别场景中的平面（如地面、墙面）。这些面特征可以用于构建地图，并帮助定位。平面特征非常适用于结构化环境，例如房间、走廊等。但是，在非结构化环境中，平面特征的识别可能变得困难。

特征地图作为一种基于环境特征提取的表示方法，与点云地图和栅格地图相比，具有显著的抽象化优势。在前面的内容中，我们详细介绍了点云地图的高精度环境建模、栅格地图的规则化空间划分，以及特征地图通过提取关键特征点、线和面来实现对环境的简化描述。这三种地图各有优劣，适用于不同的场景和任务需求。为了更清晰地展示它们的特点与适用性，接下来我们将通过表 4-1，从数据表现形式、地图精度、数据量等多个维度，对点云地图、栅格地图和特征地图进行系统的比较。这不仅有助于加深对各类地图特点的理解，也为后续无人机任务中地图类型的选择提供参考依据。

表 4-1　点云地图、栅格地图和特征地图对比

比较项目	点云地图	栅格地图	特征地图
数据表现形式	由大量离散的三维点构成，每个点包含空间坐标信息，可能还有反射强度等属性	将地图空间划分为规则的栅格，每个栅格存储占据、空闲或未知等状态信息	提取环境中的显著特征(如角点、边缘等)并以特征点及其相关描述(如特征向量)来表示地图
地图精度	精度较高，能详细描述环境的几何形状，但数据量庞大	精度取决于栅格大小，相对较低，细节信息有所丢失	精度受特征提取算法和特征稳定性影响，可保留关键信息，数据量适中
数据量	数据量通常非常大，对存储和处理资源要求高	数据量与栅格分辨率相关，可通过调整分辨率平衡精度与数据量	数据量相对较小，比点云地图小很多
构建难度	激光雷达等传感器获取点云数据相对容易，但处理和配准点云较复杂	构建较为简单，基于传感器感知结果直接划分栅格状态	特征提取算法的设计和优化有一定难度，需要考虑特征的稳定性和可重复性
定位精度	可提供较高的定位精度，尤其是在特征丰富的环境中结合匹配算法	定位精度一般，适用于粗略定位或在结构化环境中结合其他信息提高精度	定位精度依赖于特征匹配效果，在特征明显且稳定的场景中可实现较好定位
环境适应性	适用于各种复杂形状的环境建模，但对动态物体较敏感	对环境形状适应性较好，可处理动态物体(视为未知或根据规则更新)，适用于大范围环境	对环境纹理、结构有一定的要求，在纹理丰富或有明显特征的环境中表现较好，对动态物体的处理类似点云地图
实时性	处理大量点云数据的实时性较差，一般需离线处理或采用高效算法提升实时性	实时性较好，可以快速更新栅格状态	特征提取和匹配的实时性取决于算法效率，一般优于点云地图处理
应用场景	自动驾驶高精度地图构建、三维场景重建、高精度定位等	机器人路径规划、室内导航、简单环境监测等	同时进行定位与地图构建过程中的特征匹配环节、目标识别与跟踪辅助地图、移动机器人在特征丰富的场景中的导航等

4.2 拓扑地图

拓扑地图是一种抽象化的地图表示方法，如图 4-6 所示。它不具备真实的物理尺寸和坐标，只表示不同地点的连通关系和距离，即只需记录节点以及节点之间的拓扑关系，如铁路网。在拓扑地图中，节点代表环境中的关键位置，即地标，例如房间、门、走廊等，而边代表节点之间的邻接关系，例如门连接两个房间、走廊连接两个节点等。在基于拓扑地图的无人机导航中，无人机通过特定的传感器获取环境信息，并将这一信息与拓扑地图进行匹配，以确定自身所处的位置；完成定位后，再利用拓扑地图上的节点和边计算到达目标位置的最短路径，并根据特定的控制算法沿着路径移动。拓扑地图常用于超大规模的无人机路径规划。

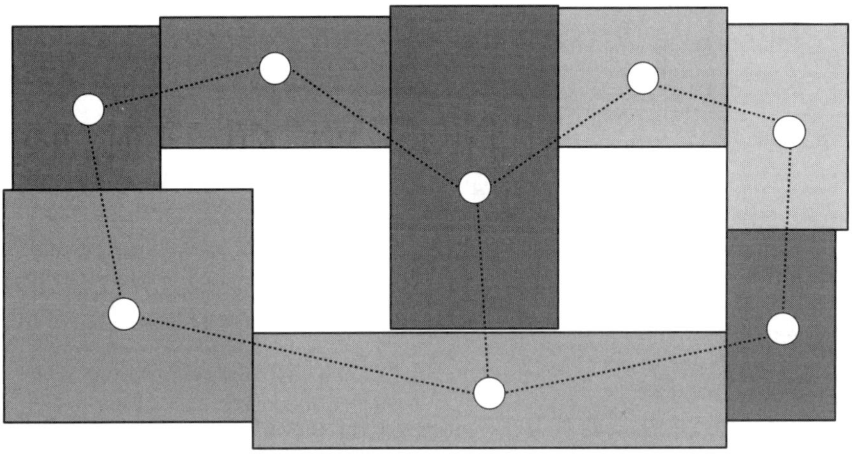

图 4-6　拓扑地图

如表 4-2 所示，相比于先前介绍的度量地图，基于拓扑地图的导航具有许多优势，包括：

① 地图的简洁性：拓扑地图通过表示环境中的关键点和它们之间的连接来简化地图表示。相较于度量地图，拓扑地图通常较小，更容易存储和处理。

② 抽象级别：拓扑地图提供了一种对环境进行高层次抽象的方法，这使得无人机能够更好地理解环境中的结构和关系。这种抽象级别有助于无人机规划路径和避开障碍物。

③ 地图更新和维护：拓扑地图中的节点和边可以轻松地进行添加、删除或更新，这使得地图的维护和更新变得相对容易。这对于无人机在动态环境中导航尤为重要。

④ 可扩展性：拓扑地图可以轻松地扩展以包含更多的节点和边，使其能够适应不断变化的环境。此外，拓扑地图可以与其他地图类型（如度量地图）结合使用，以提供更丰富的导航信息。

⑤ 鲁棒性：拓扑地图对于环境中的变化具有较好的鲁棒性，因为它们只关注关键点之间的连接关系。这使得无人机能够在环境部分变化或传感器数据不精确的情况下继续进行导航。

⑥ 路径规划和优化：基于拓扑地图的导航可以利用图搜索算法（如 A^* 算法）来快

速找到从起点到终点的最优路径。通过优化这些算法，可以提高路径规划的速度和效率。

⑦ 多无人机协作：拓扑地图为多无人机系统提供了有效的通信和协作机制。无人机可以共享地图信息，并通过拓扑地图来协同规划路径和分配任务。

表 4-2 拓扑地图与度量地图比较

对比维度	度量地图	拓扑地图
地图表达重点	精确的物体几何形状、尺寸与位置坐标	空间元素间的连接关系与相对位置顺序
信息呈现示例	城市地图中建筑物的精确轮廓、道路的实际宽度与走向	地铁线路图中站点间的连接线路，不突出站点外观细节
空间表示特点	以连续的几何图形呈现空间	以节点和边构成的图结构抽象空间
数据精度与抽象程度	高精度、低抽象，与现实空间几何特征高度契合	低精度、高抽象，简化空间为连接关系网络
路径规划适用性	适用于基于精确坐标和几何形状的路径计算，如汽车导航避开障碍物	利于基于连接关系的快速路径搜索，如机器人在室内环境按连接通道规划路径
数据存储需求	存储大量几何形状与坐标数据，需求较高	主要存储节点与边的信息，相对较少
对不规则空间的处理	能精确描绘，但复杂形状处理数据量大	忽略形状细节，关注连接性，处理高效

4.3 语义地图

实现精准导航和智能决策的关键在于准确地感知和理解环境。语义地图作为一种高级地图表示，具有描述环境特征和语义信息的能力，在无人机系统中发挥着重要作用。

语义地图是一种以语义信息为基础的地图表示形式，它不仅包含了地理空间位置的几何信息，还包含了环境中各种物体、道路、交通规则等的语义信息。语义地图通过将现实世界的场景转化为计算机可识别和理解的形式，来帮助无人机与人类进行更好的交互，使得无人机系统能够更好地理解自然语义命令，真正领会用户的意图。

在众多人机交互方法中，语义地图可以让用户摆脱复杂的命令式人机交互方式，而直接通过自然的交互方式向无人机表达意图，实现与无人机之间的信息传递。智能无人机中的核心能力之一就是构建语义地图，能够对其所处的环境进行理解，并对环境中的物体进行识别，同时根据语义信息执行符合人类行为习惯的动作指令，实现从人的动作指令中提取隐含的运动方式及语义指令，从而更高效地执行指令。

图 4-7 所示的语义地图展示了一个办公环境的布局。走廊作为主要的连接通道，贯穿整个地图，将各个功能房间连接在一起。通过下达去往某个房间的语义指令，无人机即可理解并前往指定地点。

在深度学习快速发展的背景下，语义地图通过基于神经网络的语义分割、物体检测、实例分割等技术应用于 SLAM 建图方法中来实现对周围环境及物体的理解。这种方法与视觉 SLAM 方法的不同之处在于其不是通过基于底层像素层级的特征点来估计相机的运

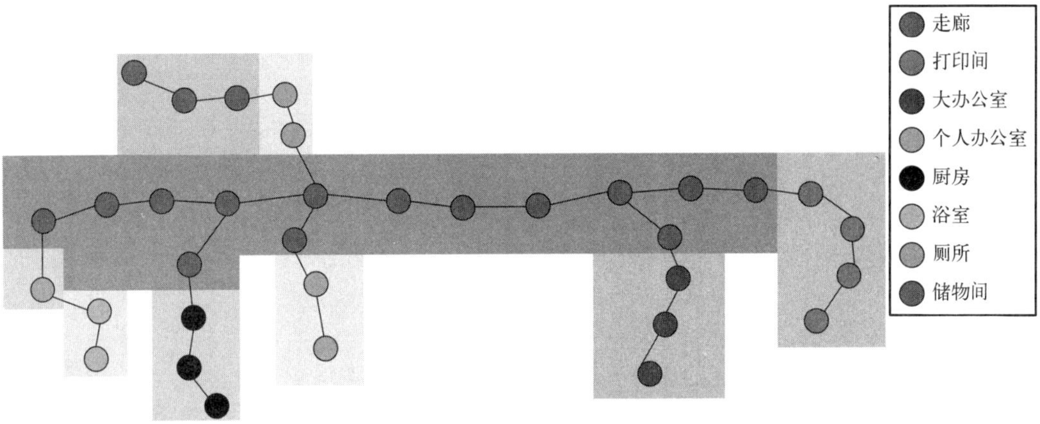

图 4-7　带语义信息的拓扑地图

动姿势及对环境建图，而是通过利用环境中的语义信息来辅助建图。

在传统的点云地图构建方式中，主要是构建了一个二维平面地图或者稀疏三维点云图，或者稠密点云地图。这些地图虽然代表了空间中点云的坐标和相机位姿，但是这些信息无法为用户提供有效且直接的使用价值。而人生来就具有图像分割的能力，并能理解物体之间的空间位置关系。因此需要将语义信息映射到现实的物体分割信息中，从而让人与机器人在统一的语义空间中交互。

利用深度学习进行环境的语义分割，背后的主要思想是将图像中的每个像素准确地标记为特定的项目或类别。这样就可以更细致地理解图像是如何组合在一起的。语义分割不同于典型的图像分类，因为它不给整个图像一个单一的标签。相反，标签是在像素级别分配的，这使得对环境进行全面和丰富的研究成为可能。

参考文献

[1] Huang X，Mei G，Zhang J，et al. A comprehensive survey on point cloud registration [J]. arXiv preprint arXiv：2103.02690，2021.

[2] Collins T，Collins J J. Occupancy grid mapping：An empirical evaluation [C]//2007 Mediterranean conference on Control & Automation. IEEE，2007：1-6.

[3] Lau B，Sprunk C，Burgard W. Improved updating of Euclidean distance maps and Voronoi diagrams [C]//2010 IEEE/RSJ International Conference on Intelligent Robots and Systems. IEEE，2010：281-286.

[4] Kalra N，Ferguson D，Stentz A. Incremental reconstruction of generalized Voronoi diagrams on grids [J]. Robotics and Autonomous Systems，2009，57 (2)：123-128.

[5] Cuisenaire O，Macq B. Fast Euclidean distance transformation by propagation using multiple neighborhoods [J]. Computer vision and Image understanding，1999，76 (2)：163-172.

[6] Azzam R，Taha T，Huang S，et al. Feature-based visual simultaneous localization and mapping：A survey [J]. SN Applied Sciences，2020，2：1-24.

[7] Campos C，Elvira R，Rodríguez J J G，et al. Orb-slam3：An accurate open-source library for visual，visual-inertial，and multimap slam [J]. IEEE Transactions on Robotics，2021，37 (6)：1874-1890.

第5章 四旋翼无人机前端路径规划算法

前端路径规划在四旋翼无人机的导航中是不可或缺的一部分，其能在考虑环境中复杂障碍物的情况下，根据所设定的起点与终点生成一条无碰撞的安全路径，从而为四旋翼无人机后端的轨迹优化（第 5 章与第 6 章）提供必要的航路点。本章分别从基于图搜索的前端路径规划方法、基于采样的前端路径规划方法和基于运动学模型的前端路径规划方法对现有经典的前端规划算法及其变种进行了介绍与对比。

5.1　基于图搜索的前端路径规划方法

5.1.1　图搜索基础知识

值得强调的是，这里的图并不是指四旋翼无人机所处的真实环境地图，而是一种对真实环境地图的数学表示方法。图可以视为一种由节点组成的抽象网络，网络中的各节点可以通过边实现彼此的连接，表示两节点有关联。一种最基本的图被称为“无向图”［如图 5-1(a) 所示］，与之对应的图被称为“有向图”［如图 5-1(b) 所示］，两者的区别在于有向图中的边具有方向性，无向图则没有。

虽然无向图和有向图能够通过边反映每个节点之间的连接关系，但是对于四旋翼无人机路径规划，除了需要知道节点间的连接关系，还需要一个数值来反映从一个节点前往另一个节点所要花费的代价，因此，加权图随之出现［如图 5-1(c) 所示］，使得图里的每条边都有与之对应的值。在路径规划中，每条边的权值通常被定义为两个节点之间的距离。

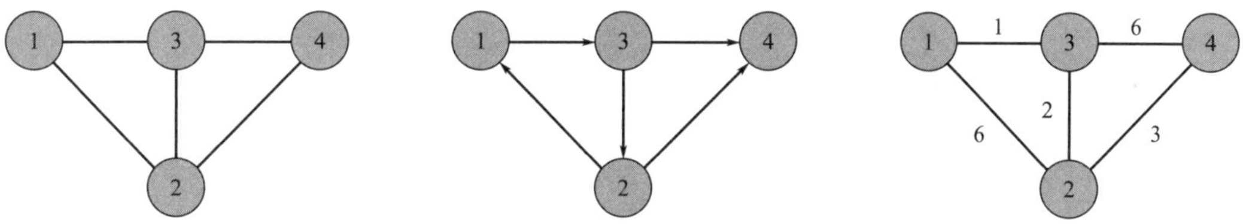

图 5-1　无向图、有向图与加权图

前端路径规划采用图搜索算法所需要完成的任务在于搜索出一条连接起始节点与目标节点的路径，中心思想在于根据设定的规则搜索图中的节点，当搜索到目标节点后，通过回溯整个搜索过程获得最终的路径。

5.1.2　经典图搜索类算法

图搜索算法的发展历程可以追溯到 20 世纪的计算机科学领域。其中，广度优先搜索[1](BFS) 和深度优先搜索[2](DFS) 分别是早期的算法之一，用于解决图论中的遍历问题。DFS 通过深入探索一个分支，直到无法继续再返回探索其他分支来进行搜索，其通过维护一个后进先出的堆栈实现对图中节点的访问。当给定一个起点和终点进行路径搜索时，DFS 通常无法给出连接两点的最短路径。而 BFS 则通过逐层扩展搜索树来进行搜索，其通过维护一个先进先出的队列实现对图中节点的访问。当给定一个起点和终点进行路径搜索时，BFS 能够保证所回溯出的路径是最优的。因此，现有的图搜索算法大多是基于 BFS 进行改进的。

由于 BFS 算法通过逐步扩展探索前沿实现对目标点的搜索从而获得一条连接起点与终点的路径，其在大多数情况下可能会扩展不必要的节点，进而影响搜索效率。贪心 BFS 算法则通过人为定义启发项来猜测当前扩展节点到终点的远近程度，试图为下一步的搜索提供正确的方向。由于在目标点搜索过程中需要扩展大量的节点，如果为了计算启发项花费过大的开销反而会降低算法的效率，因此启发项需要便于计算，其通常采用两节点之间的曼哈顿距离或者欧几里得距离表示。在无障碍物环境下，贪心 BFS 算法由于其强目的性，可以以远优于 BFS 的效率搜索出最优路径［如图 5-2(a) 所示］。然而，在有障碍物的环境中，尽管贪心 BFS 能以较快的速度搜索到目标点，但其可能会陷入局部最优解，从而回溯出一条不理想的路径［如图 5-2(b) 所示］。这是因为启发项在猜测当前扩展节点到终点的远近程度时忽略了环境中的障碍物，因此提供了错误的搜索方向。此外，BFS

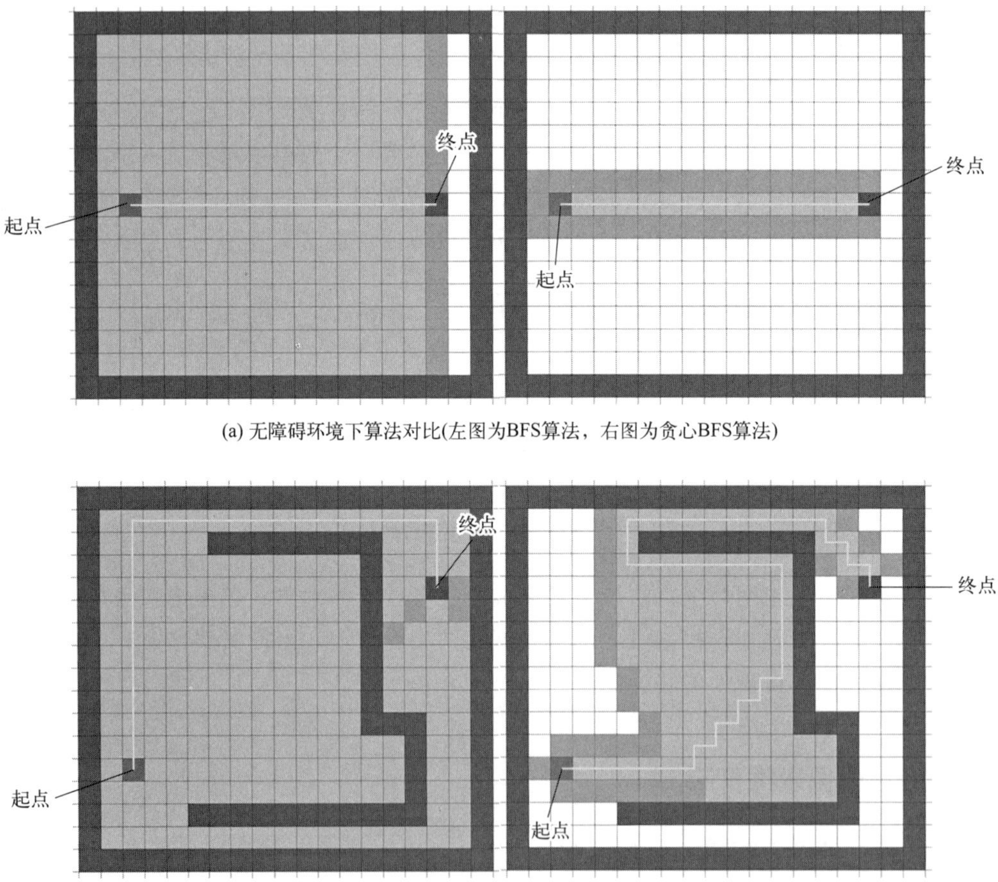

(a) 无障碍环境下算法对比(左图为BFS算法，右图为贪心BFS算法)

(b) 障碍物环境下算法对比(左图为BFS算法，右图为贪心BFS算法)

图 5-2　BFS 算法与贪心 BFS 算法对比

（■为障碍物，■为已扩展节点，折线为路径搜索结果）

算法能够在每条边的权重相等时搜索出最优路径。但对于四旋翼无人机，从一个节点前往另一个节点是具有能量开销的，连接两个节点的边的权重是不可忽略的。因此，对于这种更一般的情况需要其他的算法尽可能高效地搜索出一条连接起点和终点的、代价最小的路径。

算法 5.1　Dijkstra 算法

初始化　初始化容器并加入起点 p_s，令 $g(p_s)=0$，对于图中其他节点 n，$g(n)=\infty$。

开始循环

步骤 1. 如果队列为空，跳出算法。

步骤 2. 从队列中移出 $g(n)$最小的节点 n。

步骤 3. 将 n 标记为已扩展节点。

步骤 4. 如果 n 为终点，退出算法。

步骤 5. 对于 n 的所有未扩展邻居节点 m：如果 $g(m)=\infty$，令 $g(m)=g(n)+J_{nm}$，其中 J_{nm} 代表 n 到 m 的代价，并将 m 置于队列中；如果 $g(m)>g(n)+J_{nm}$，令 $g(m)=g(n)+J_{nm}$。

结束循环

对于上述问题，针对障碍物环境并考虑节点间权值的 Dijkstra 算法[3] 被提出。Dijkstra 算法是一种单源最短路径算法，其通过维护一个优先队列来逐步扩展搜索范围，直到找到目标节点。该队列的规则与 BFS 所采用的先进先出不同，队列中的节点 n 通过当前从起点出发的路径到该节点 n 的累计代价总和 $g(n)$ 进行优先级排序，每次优先弹出 $g(n)$ 最小的节点。Dijkstra 算法伪代码如算法 5.1 所示。Dijkstra 算法具有完备性与最优性，只要环境中存在路径，那么 Dijkstra 算法就一定能找到路径并确保路径的最优性。但是与 BFS 算法类似，Dijkstra 算法在搜索路径的时候也是向所有方向扩散的（事实上当每条边的权重相等时，Dijkstra 算法与 BFS 算法等价），缺少关于终点的信息，导致搜索效率较低。

算法 5.2　A* 算法

初始化　初始化容器并加入起点 p_s，令 $g(p_s)=0$，对于图中其他节点 n，$g(n)=\infty$，启发项 $h(n)$被预先定义。

开始循环

步骤 1. 如果队列为空，跳出算法。

步骤 2. 从队列中移出 $f(n)=g(n)+h(n)$ 最小的节点 n。

步骤 3. 将 n 标记为已扩展节点。

步骤 4. 如果 n 为终点，退出算法。

步骤 5. 对于 n 的所有未扩展邻居节点 m：如果 $g(m)=\infty$，令 $g(m)=g(n)+J_{nm}$，其中 J_{nm} 代表 n 到 m 的代价，并将 m 置于队列中；如果 $g(m)>g(n)+J_{nm}$，令 $g(m)=g(n)+J_{nm}$。

结束循环

回顾先前介绍的贪心 BFS 算法，其通过引入启发项可以加速搜索速度。因此，A* 算

法[4]借助该思想在 Dijkstra 算法的基础上进行了改进。A* 算法是一种启发式搜索算法，结合了贪心 BFS 对搜索方向的推理能力和 Dijkstra 算法最优性的特点。通过引入启发式函数来估计每个节点到目标节点的距离，A* 算法能够更加智能地选择下一步的搜索方向，从而提高搜索效率。A* 算法使用启发式函数来估计剩余距离，而 Dijkstra 算法则使用实际距离来更新最短路径。如算法 5.2 所示，A* 算法与 Dijkstra 算法的框架类似，不同的是队列中的节点 n 的优先级排序规则不同。A* 算法中，节点 n 通过当前从起点出发的路径到该节点 n 的累计代价总和 $g(n)$，与该节点 n 到终点的估计代价 $h(n)$ 的和进行优先级排序，即按照 $f(n)=g(n)+h(n)$ 的值进行排序。由于 A* 算法采用了启发项进行估计，因此有必要讨论路径搜索结果的最优性。对于 A* 算法，如果需要保证路径搜索结果的最优性，那么对于每个节点，必须保证启发项估计出的结果小于其到终点的真实最小代价。因此，采用欧几里得距离作为启发项总是能保证估计结果小于两个节点间的真实距离。图 5-3 所示为采用欧几里得距离作为启发项的 A* 算法和 Dijkstra 算法的对比结果。

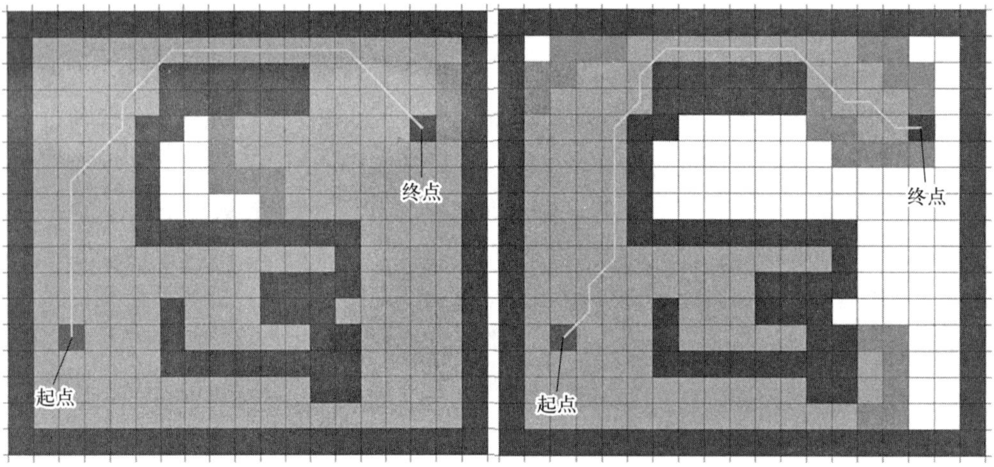

(a) Dijkstra算法结果　　(b) A*算法(启发项为欧几里得距离)结果

图 5-3　A* 算法与 Dijkstra 算法对比

（■为障碍物，■为已扩展节点，折线为路径搜索结果）

5.1.3　图搜索类算法改进

目前应用于图搜索规划中的方法基本都是围绕 A* 算法展开的。A* 算法在实际应用中有着明显的优势，但是也存在计算量大、节点冗余、难以处理动态地图等问题。关于图搜索类算法以及各种改进算法如表 5-1 所示。

针对 A* 算法搜索时间问题、节点冗余问题的改进，基本上都是围绕 A* 算法的启发函数、节点扩展以及搜索方法的改进。其中，双向 A*[5]（Bi-directional A*）算法在 A 算法的基础上引入了双向交替搜索策略，即分别从起点和终点开始搜索，直到路径相遇。

JPS[6]（Jump Point Search Algorithm）算法在 A* 算法的基础上进行剪枝处理，滤除在查找跳点的过程中扩展的多余节点，能够大大提高搜索效率，以及减少路径的冗余节点。在代价项中加权的 Weight A*[7]算法以牺牲最优性来换取搜索速度的提升，调整权值在最优与最快之间做平衡。通过全局规划生成的准则以设计启发式函数的变步长 A* 算法[8]与 A* 算法相比，具有更好的鲁棒性和稳定性。FTC-A* 算法[9]通过设计区域化空间知识模型，对周围环境进行精细规划，有效降低了计算复杂度，提高了区域化环境中路径搜索的效率。

对于静态地图，以上的改进算法都已经能够很好地处理，但地图往往是动态变化的。针对地图动态变化的问题，现在也有较多的研究。其中，ARA*[10]（Anytime Repairing A*）算法是 A* 算法的 Anytime 变体。该算法先快速规划出一条初始路径，然后在时间允许的范围内不断优化这条路径。D* 算法[11]作为 A* 算法的动态变体，即从终点开始搜索路径，当出现新的障碍物时就可以将已有的代价值作为启发函数重新进行规划，所以可用于动态环境中的路径规划。LPA*[12]（Lifelong Planing A*）算法是 A* 算法的增量变体，当环境发生变化后就可以利用先前存储的信息进行增量式搜索，虽然可以应用于动态环境，但是不适用于起点和终点变化的情况。如果无人机前进过程中某些节点发生变化，则可以使用 D* Lite 算法[13]，该算法在 LPA* 算法的增量搜索的基础上添加了反向搜索，不过当地图变动过大时可能耗时更长。AD*[14]（Anyime Dynamic A*）算法，也称 Anytime D* 算法，结合了 ARA* 算法和 D* Lite 算法的优点，适用于动态环境中的路径重规划，并且追求有限时间内的次优路径。

上述部分搜索算法的优缺点对比如表 5-1 所示。基于图搜索的算法搜索过程简单直接，其基本原理就是计算节点的路径的成本值，并选择成本值最低的一条作为结果。其主要优点是实时性较好，能够快速获得全局最优或次优的路径，能适应低维空间的动静态环境，分辨率完备。其主要缺点是生成的路径连续性较差，并不适合直接应用于无人机运动，在高维空间中搜索性能不可靠。

表 5-1　代表性图搜索算法的优缺点对比

代表算法	优点	缺点
DFS	完备；内存消耗少	无法保证最优解；不适用于求解最短路径；不适用于大规模搜索空间
BFS	完备；最优	不适用于非连通图；搜索时间长
Dijkstra	完备；最优；时间复杂度低	空间复杂度高；不适用于大规模地图和动态地图
A*	高效；可灵活调整启发式函数	难以处理动态地图；不合适的启发式函数选取可能会导致陷入局部最优解
JPS	最优；高效；减少搜索空间	不适用于动态环境
Bi-directional A*	加快搜索速度；减少搜索空间	需要额外的空间和计算资源来处理两个方向的搜索；可能会陷入局部最优解

续表

代表算法	优点	缺点
ARA*	可在任意时间中止；可通过调整参数来控制搜索速度和最优解的质量	对参数敏感；可能会陷入局部最优解
D*	实时性强；适用于动态环境；适用于部分可观察的环境	对参数敏感；需频繁地重新规划；可能会陷入局部最优解
LPA*	实时性强；适用于动态环境；具有较低的计算成本	对参数敏感；可能会陷入局部最优解；对于环境变化问题，需要大量的内存
Anytime D*	可在任意时间终止；可在有限时间内提供次优解；适用于动态环境；具有较低的计算成本	对参数敏感；需要频繁地重新规划；可能会陷入局部最优解

5.2 基于采样的前端路径搜索方法

5.2.1 采样搜索基础知识

基于采样的路径搜索方法是一类用于高维连续空间的路径规划技术，广泛应用于机器人导航、无人机飞行控制以及自动驾驶等领域。这类方法的核心思想是通过随机或准随机地从环境的配置空间中采样，逐步构建可行路径，而无需对整个空间进行离散化。这种方式极大地提升了算法在高维空间中的效率，特别是在处理复杂障碍物布局和动力学约束时，具有显著优势。

采样方法的主要特征在于它不依赖于全局地图或者预先离散的网格，而是直接在连续配置空间中通过随机方式生成点。这些随机点可以有效覆盖高维空间，进而避免了全局离散化所带来的维数灾难问题。通过评估这些随机点是否位于自由空间并进行合理连接，算法能够快速构造出一条可行的路径。为了验证路径的可行性，基于采样的路径搜索方法通常需要引入碰撞检测机制。碰撞检测用于判断路径中是否存在与障碍物相交的部分。在路径生成的过程中，每次连接随机采样点与当前已有路径的部分都需要经过碰撞检测，确保生成的路径始终位于自由空间内。

5.2.2 经典采样搜索类算法

快速探索随机树[15]（rapidly-exploring random tree，RRT）是一种增量式采样路径规划算法，其核心思想是通过在自由配置空间中随机采样点，逐步扩展一棵从起点出发的搜索树，最终找到一条从起点到目标点的可行路径。

首先，RRT 算法从起点初始化搜索树，该树的根节点为起点 q_{start}。树的结构通常以图的形式存储，节点表示自由空间中的状态，边表示从一个状态到另一个状态的转移运动。目标点 q_{goal} 以及自由空间的边界也需要在初始化时定义。自由空间内的障碍物信息用于后续的碰撞检测。接下来，算法在每一轮迭代中随机采样一个点 q_{rand}。采样点可以是整个自由空间内均匀分布的随机点，也可以通过引入目标偏向策略使其以一定概率直接选取目标点，从而加速算法的收敛。当采样点 q_{rand} 生成后，算法从当前树中找到离采样点最近的节点 q_{nearest}。这一操作通常通过计算欧几里得距离实现，但在特定问题中也可以采用其他距离度量。在找到最近的节点 q_{nearest} 后，算法以固定步长沿着 q_{nearest} 到 q_{rand} 的方向扩展，生成一个新的节点 q_{new}。这个扩展步骤是 RRT 算法的核心，它限制了树的扩展速度，避免了树在某些方向上过度生长或越过狭窄通道。若扩展步长设置不当，可能会导致树难以通过复杂地形或探索效率下降。扩展完成后，RRT 算法对从 q_{nearest} 到 q_{new} 的路径进行碰撞检测。碰撞检测确保生成的新节点和路径在自由空间中是有效的，未与任何障碍物相交。如果路径无碰撞，则将 q_{new} 加入树中，并记录它与 q_{nearest} 的连接关系。

算法继续扩展树的同时，也在每次生成新节点时检查其是否到达目标点 q_{goal}。通常，目标点的判定是通过设定一个小的容差，若 q_{new} 到 q_{goal} 的距离小于此阈值，则认为目标达成。一旦目标达成，算法会回溯树的结构，从目标点沿路径向上找到起点，从而构造出最终的路径。RRT 算法伪代码如算法 5.3 所示。

算法 5.3　RRT 算法

初始化　初始化树 ***TR***，根节点为起点 q_{start}，将 q_{start} 加入树中，设置步长 Δd，最大迭代次数 N 和目标偏向概率 P_{goal}。

开始循环

步骤 1. 以概率 P_{goal}，设置 $q_{\text{rand}}=q_{\text{goal}}$，否则在配置空间内随机生成一个点 q_{rand}。

步骤 2. 遍历树 ***TR***，找到离 q_{rand} 最近的节点 q_{nearest}。

步骤 3. 从 q_{nearest} 朝向 q_{rand} 移动固定步长 Δd，生成新节点 q_{new}。

步骤 4. 检查从 q_{nearest} 到 q_{new} 的路径是否与障碍物相交，如果路径无碰撞，将 q_{new} 加入树 ***TR***，并记录其与 q_{nearest} 的连接关系。

步骤 5. 如果 q_{new} 到 q_{goal} 的距离小于步长 Δd，认为目标已到达，停止循环，并回溯树 ***TR*** 构造路径。

结束循环

在 RRT 算法中，我们通过逐步扩展树来探索配置空间，逐渐逼近目标点。虽然 RRT 能够有效地处理复杂的环境和高维空间，但其路径往往较为粗糙，而且由于采用的是逐步扩展的方式，可能会面临较长的计算时间，尤其是在大规模问题中。此外，RRT 在路径规划过程中通常需要多次迭代，尤其是在遇到较为复杂的障碍物时，可能会导致计算效率较低。图 5-4 所示为 RRT 算法在有障碍物环境和无障碍物环境下的路径规划结果。

为了克服这些问题，另一种基于采样的路径规划算法——概率路线图[16]（probabilistic roadmap，PRM）应运而生。与 RRT 的逐步扩展方式不同，PRM 通过在配置

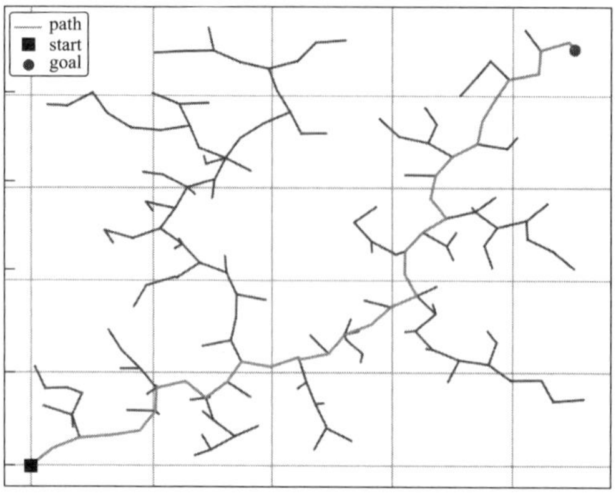

(a) RRT算法在无障碍物环境下的路径规划结果

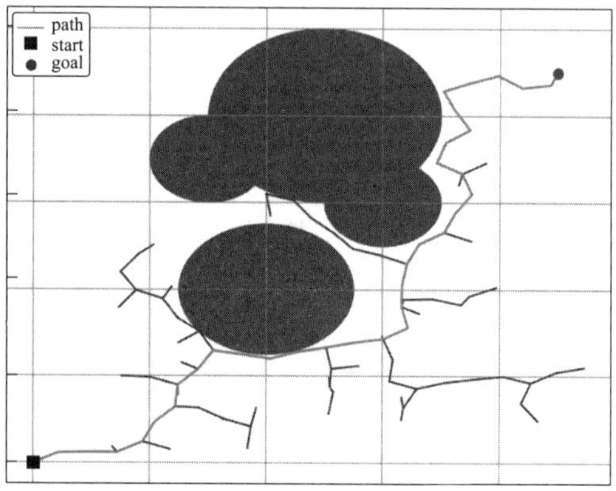

(b) RRT算法在有障碍物环境下的路径规划结果

图 5-4　RRT 算法在有障碍物环境和无障碍物环境下的路径规划结果

（灰色区域为障碍物，浅色折线为路径搜索结果）

空间内随机采样多个点，构建一个稀疏的概率图，连接这些采样点形成路径，从而避免了树的单一扩展方式。PRM 在处理多个起点和目标点的路径查询时尤其高效，因此在大规模的环境中或需要频繁路径查询的应用场景下，PRM 通常是一个优先级更高的选择。其核心思想是在配置空间内随机采样点，构建一个图结构，其中图的节点代表采样点，图的边则代表可行路径。PRM 算法分为两个阶段：构建阶段和查询阶段。

构建阶段是 PRM 的关键，它通过随机采样和图的构建来探索自由空间。在这个阶段，算法首先在自由空间中随机生成一组有效的采样点。在生成每个采样点时，首先需要确保该点不与任何障碍物相交，通常会对每个采样点进行碰撞检测，确保它位于自由空间中。一旦获得有效的采样点，就进入图的构建部分。图的每个节点代表一个有效的采样点，节点之间的连接则代表这些点之间的可行路径。在图中，如果两个节点之间的直线连接不与障碍物相交，且其路径是可行的，则可以在这两个节点之间建立一条边。为了确保图的稀疏性，通常只连接每个采样点的最近邻节点。具体来说，对于每个采样点，算法会计算其与其他采样点的距离，并选出距离最近的 k 个节点（即最近邻节点）。然后，检查这些节点之间是否存在障碍物，如果两点之间的路径没有碰撞，就将这两个节点通过边连接起来。查询阶段的目标是通过已构建的图找到从起点到目标点的路径。在此阶段，首先将起点和目标点分别添加到图中，并尝试与图中已有的节点连接。如果起点和目标点与已有节点之间的连接路径是可行的，则将这些连接添加为图中的新边。添加完成后，起点和目标点就成为图的节点，接下来就可以在图上执行路径搜索算法，常用的路径搜索算法包括 Dijkstra 算法或 A^* 算法。使用这些算法可以在图上找到从起点到目标点的最短路径。在执行路径搜索时，算法会遍历图中的节点和边，直到找到一条从起点到目标点的路径。PRM 算法的伪代码如算法 5.4 所示。图 5-5 所示为 RRT 算法和 PRM 算法在有障碍物环境下的路径规划结果对比。

算法 5.4　PRM 算法

初始化　初始化图 $\boldsymbol{G}=(\boldsymbol{V},\boldsymbol{E})$，设置采样点数 N，每个采样点的邻居数 k，最大迭代次数 M。设置起点 q_{start} 和目标点 q_{goal}。

开始循环 N

步骤 1. 在配置空间内随机生成点 q_1，q_2，…，q_N。对于每个采样点 q_i，如果它位于自由空间内，则将 q_i 添加到图的节点集合 $\boldsymbol{V}$ 中。

步骤 2. 遍历树 ***TR***，找到离 q_{rand} 最近的节点 q_{nearest}；对于每个采样点 q_i，找到与其距离最近的 k 个节点 $\{q_i\}$；对于每一对（q_i，q_j），检查它们之间的直线路径是否与障碍物相交。如果路径无碰撞，则在图中添加边（q_i，q_j）。

步骤 3. 重复步骤 1 和 2，直到成功生成图 $\boldsymbol{G}$ 或达到最大采样次数 M。

步骤 4. 将起点 q_{start} 和目标点 q_{goal} 添加到图 $\boldsymbol{G}$ 中，尝试与图中已有的节点连接。

步骤 5. 在图 $\boldsymbol{G}$ 中使用图搜索算法（如 Dijkstra 或 A*）找到从 q_{start} 到 q_{goal} 的路径。

结束循环

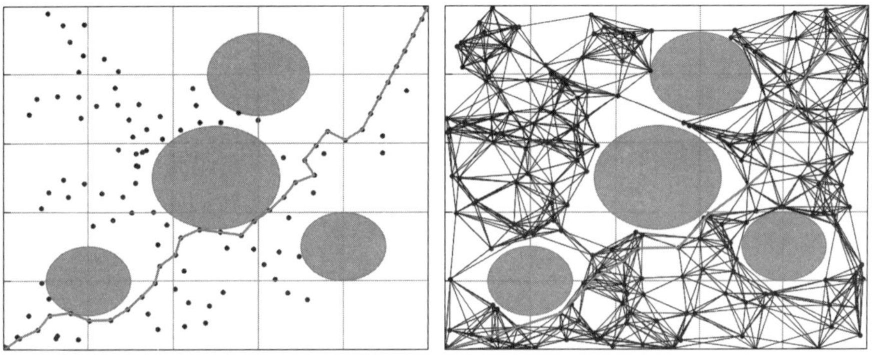

(a) RRT算法在有障碍物环境下的路径规划结果　　(b) PRM算法在有障碍物环境下的路径规划结果

图 5-5　RRT 算法和 PRM 算法在有障碍物环境下的路径规划结果对比

（地图左下角为起点，右上角为终点，灰色区域为障碍物，浅色折线为路径搜索结果）

5.2.3　采样搜索类算法改进

采样搜索类算法在路径规划领域中具有重要应用，特别是在高维空间和复杂环境中。然而，它们的基本形式在一些应用中可能面临效率低、路径质量差、计算时间长等问题。因此，针对这些挑战，许多改进方法和变种被提出。

单查询类算法通常解决只有一对起点和终点的路径规划问题。目前单查询类算法基本都是围绕 RRT 算法展开的。针对 RRT 算法寻优路径效率低、收敛性差等问题，研究者们提出 RRT 的多种改进形式来解决这类问题，比如 Goal-bias RRT[17]、Bi-RRT[18]、RRT-Connect[19]、Extend RRT[20]、Dynamic-RRT[21] 等算法。由于这些算法的状态空间的全局搜索仍然是随机的，且收敛速度慢和初始路径代价高，因此它们的规划效率较低。针对这个问题，在 RRT 算法中加入启发项就得到了 RRT*[22] 算法。RRT* 算法通过增加重新选择父节点与添加新节后重新布线的操作，能够得到比 RRT 算法代价更小的路径，使得收敛速度更快。近年来，研究者们也提出了很多 RRT* 的改进算法。Bidirectional RRT* （B-RRT*）[23]算法可以在提高收敛速度的同时，使用容许启发式的方法来有选择性地产生新节点以完善路径。RRT*-Smart[24]算法能在初始路径生成后，采用三角不等式原理去除多余的节点；在优化生成的路径时，依靠生成信标节点来减少路径代价。此外，一种基于目标偏向采样和启发式优化策略的 TBIT* 算法[25]被提出。该算法采用“向日葵”区域和目标牵引区域组合的目标偏向采样策略，引导随机树向目标方向增长，并用一个超椭球进行路径优化。不过由于它优化的是初始路径本身，与 Informed RRT* 算法相同，对于一些存在狭窄通道的复杂场景可能规划不出最优路径。

对于 RRT 算法在狭窄通道场景的改进，也已经有了较多的研究。其中，Local-Tree RRT[26]算法针对随机采样算法难以迅速通过狭窄通道的问题，提出局部树方法加以解决。针对存在不规则障碍物和狭窄通道的复杂环境，EBITR* （Energy-Eficient BIT* for Reconfigurable Robot）[27]算法将无人机执行器的机械功作为能量成本目标，把搜索重点放在贪婪的知情集上，在保持 BIT* 的概率完备性和渐进最优性的同时，生成高质量、节能的路径。

以上 RRT 与 RRT* 的扩展算法都是在静态地图上进行寻找路径的，对于动态地图来说，这是不可取的。Anytime RRT*[28]以当前位置作为规划的起点，通过不停地更新路径，能够更好地应对动态环境变化较多的场景。此外，EB-RRT （Elastic Band-Based Rapidly Exploring Random Tree）[29]算法将 EB 方法与基于时间的 RRT 树相结合，在优化当前轨迹的同时实现实时运动规划。

上述单查询类采样搜索算法的优缺点如表 5-2 所示。单查询类算法能够得到连接一对起点和终点的可行路径，建模简单，可以有效解决高维规划问题。但是在固定场景中会造成重复性的规划，浪费计算资源。

表 5-2　代表性单查询类采样搜索算法的优缺点对比

代表算法	优点	缺点
RRT	适用于高维度、复杂空间；适用性广泛；快速收敛	路径质量不稳定；效率低；不保证找到最优解
RRT*	收敛更快；适应性更强；路径质量更高	算法复杂度较高；对参数敏感；可能会陷入局部最优解
Bidirection RRT*	加快搜索速度；减少搜索空间	需要额外的空间和计算资源来处理两个方向的搜索
Connect RRT	加快搜索速度	对参数敏感；路径质量不稳定；不适用于高精度要求
Local-tree RRT*	减少搜索空间；可以在动态环境中进行快速更新	限制了全局搜索范围；对树结构敏感

续表

代表算法	优点	缺点
Anytime RRT*	实时性强；可任意时间终止；适用于动态环境	不保证最优解；需要频繁地重新规划；对参数敏感
Informed RRT*	搜索效率高；路径质量高；可在有限时间内找到最优解	需要准确的启发信息；算法复杂度较高；可能陷入局部最优解
Kinodynamic RRT*	考虑动力学约束；路径质量高；适用性广	算法复杂度较高；需要大量计算；路径搜索时间长

多查询类规划算法旨在通过重复构造一个路线图减少找到可行路径所需的计算时间来解决静态环境中的多个不同起点和终点的路径规划问题。目前用于采样多查询类的算法基本都是围绕 PRM 算法展开的。PRM 算法在实际应用中有着明显的优势，但也存在难以通过狭窄通道、难以处理动态环境、计算复杂度高、路径质量不稳定等问题，因而许多研究者在对该算法的改进中做了大量工作。

针对 PRM 算法路线图复用率低以及效率低的问题，Lazy PRM[30]通过延迟碰撞检测的思想将 PRM 转变为一种单查询类快速规划方法。但 PRM 算法和 Lazy PRM 算法在添加新样本时并不排除原有样本，使得路线图变得越来越大，会减慢后续的查询。通过对 PRM 和 LazyPRM 进行改进，PRM* 和 Lazy PRM* 通过增加膨胀中的接触点数量获得了最优路径[31]。Visibility-PRM[32]引入了稀疏路线图的概念，通过将先前找到的路径存储在稀疏图中来解决图的无限增长问题。不过稀疏图的构建在计算上是昂贵的，可能导致总体上的规划时间较慢。上述方法大大提高了 PRM 的路径搜索速度以及缩短了路径长度，但并没有解决狭窄通道问题以及动态场景中的问题。

针对 PRM 算法难以通过狭窄通道的缺点，RRdT*（rapidly exploring random disjointed-tree*）[33]算法继承了 RRT* 的概率完备性和渐进最优性，是一种增量式最优度查询规划算法。其通过使用多个独立树来探索空间，以有效应对狭窄通道的情况，提高了传统算法的性能。此外，OP-PRM[34]将障碍物边界周围特定范围作为目标采样区域，用以提高采样点落入狭窄通道的概率，从而大大提高了得到通过狭窄通道的路径的概率。

考虑到 PRM 算法难以处理动态障碍物，PRM-D*[35]算法利用分层规划的思想，将 D* 算法引入 PRM 的路线构建和规划过程中，提高了 PRM 的动态避障能力。T-PRM（Temporal-PRM）[36]算法通过结合路线图中的节点在动态障碍物环境中无碰撞的时间区间，并引入 A* 算法的变体，使得该算法能够在动态环境中实现实时避障。

对于上述多查询类采样搜索算法的优缺点如表 5-3 所示。多查询类算法通过利用已知的路线图进行快速规划，有效避免了出现重复性规划的问题，不过如何利用规划成功的路径信息构造路线图是该类算法的难题，并且与单查询类算法一样其搜索效率受采样点数量的影响大。

表 5-3 代表性多查询类采样搜索算法的优缺点对比

代表算法	优点	缺点
PRM	适用于高维空间和复杂环境;可以处理非精确环境	难以处理动态环境;计算复杂度高,路径质量不稳定
Lazy PRM	适用于动态环境;节省计算资源;灵活性高	可能会陷入局部最优解;路径质量不稳定;对参数敏感
PRM*	能够收敛到最优解;搜索效率高;可以在有限时间内找到最优解	预处理时间和内存需求较高;对参数敏感
PRM-D*	能够处理动态环境;可以在有限时间内找到最优解	对于高维空间和复杂环境,预处理时间和内存需求较高;对参数敏感
RRdT*	适用于高维空间和复杂环境;可以在有限时间内找到最优解	对参数敏感;对初始树的选择敏感

5.3 基于运动学模型的前端路径规划方法

5.3.1 运动学模型基础知识

基于运动学模型的前端路径搜索涉及如何在给定的环境中规划一条既能够避开障碍物，又能够满足四旋翼无人机动力学约束的路径。四旋翼无人机的路径规划不仅要考虑传统的几何约束，还必须结合四旋翼无人机本身的运动学和动力学特性，如位置、速度、加速度、姿态，以及控制输入的限制。四旋翼无人机与传统的移动机器人不同，具有较为复杂的动力学约束，特别是在姿态和控制输入的限制方面，因此其路径规划需要在更高维度的状态空间中进行。

5.3.2 经典基于运动学模型路径算法

混合 A*[37](Hybrid A*）算法是对经典 A* 算法的扩展，用于考虑动力学约束的路径规划问题。与传统 A* 算法只关注位置和空间障碍物不同，Hybrid A* 算法还考虑了四旋翼无人机的动力学限制，比如最大速度、最大加速度以及转向角度等。这使得运动学约束的 A* 算法在四旋翼无人机飞行应用中具有广泛的用途。

在 Hybrid A* 算法中，首先需要根据四旋翼无人机的运动学特性来定义状态空间和运动模型。四旋翼无人机的状态空间不仅包括位置 (x,y,z) 和朝向 θ，还包括速度 v、加速度 a 等因素。考虑到四旋翼无人机在三维空间的飞行，状态空间通常可以定义为

$$\boldsymbol{x}=(x,y,z,\theta,v) \tag{5-1}$$

使用三个独立的一维时间参数化多项式函数来表示三维空间中的任意轨迹：

$$\boldsymbol{p}(t)=[\boldsymbol{p}_x(t),\boldsymbol{p}_y(t),\boldsymbol{p}_z(t)]^{\mathrm{T}},\boldsymbol{p}_\mu(t)=\sum_{k=0}^{K}a_k t^k \tag{5-2}$$

$$\boldsymbol{x}(t)=[\boldsymbol{p}(t)^{\mathrm{T}},\dot{\boldsymbol{p}}(t)^{\mathrm{T}},\cdots,\boldsymbol{p}^{(n-1)}(t)^{\mathrm{T}}]^{\mathrm{T}}\in X\subset\mathbb{R}^{3n}, \tag{5-3}$$

$$\boldsymbol{u}(t)=\boldsymbol{p}^{(n)}(t)\in U:=[-u_{\max},u_{\max}]^3\subset\mathbb{R}^{3n}, \tag{5-4}$$

式中，$\boldsymbol{p}(t)$ 代表轨迹；$\boldsymbol{x}(t)$ 是状态量；$\boldsymbol{u}(t)$ 是控制量；$u_{\max}$ 是控制量的最大值。状态空间方程可以定义为

$$\dot{\boldsymbol{x}}=\boldsymbol{A}\boldsymbol{x}+\boldsymbol{B}\boldsymbol{u} \tag{5-5}$$

$$\boldsymbol{A}=\begin{bmatrix}0 & I\\ 0 & 0\end{bmatrix},\boldsymbol{B}=\begin{bmatrix}0\\ I\end{bmatrix} \tag{5-6}$$

上式的解可以表示为

$$\boldsymbol{x}(t)=e^{\boldsymbol{A}t}\boldsymbol{x}(0)+\int_0^t e^{\boldsymbol{A}(t-\tau)}\boldsymbol{B}\boldsymbol{u}(\tau)\mathrm{d}\tau \tag{5-7}$$

路径的成本代价表示成如下形式：

$$\mathrm{traj}(T)=\int_0^{\mathrm{T}}\|\boldsymbol{u}(t)\|^2\mathrm{d}t+\rho T \tag{5-8}$$

式中，ρ 代表权重系数，控制时间长度对总成本的影响；T 代表路径的时间长度。

$\boldsymbol{g}_c$ 用来表示从起始状态 $\boldsymbol{x}_s$ 到当前状态 $\boldsymbol{x}_c$ 的路径的实际成本。假设最优路径由 J 个多项式组成，则 $\boldsymbol{g}_c$ 的计算公式为：

$$\boldsymbol{g}_c=\sum_{j=1}^{J}(\|\boldsymbol{u}_{dj}\|^2+\rho)\tau \tag{5-9}$$

利用庞特里亚金极小值原理，从状态 $\boldsymbol{x}_c$ 到目标状态 $\boldsymbol{x}_g$，可以计算出一条使 traj(T) 的代价最小的曲线：

$$\boldsymbol{p}_\mu^*(t)=\frac{1}{6}\boldsymbol{\alpha}_\mu t^3+\frac{1}{2}\boldsymbol{\beta}_\mu t^2+\boldsymbol{v}_{\mu c}+\boldsymbol{p}_{\mu c} \tag{5-10}$$

$$\begin{bmatrix}\boldsymbol{\alpha}_\mu\\ \boldsymbol{\beta}_\mu\end{bmatrix}=\frac{1}{T^3}\begin{bmatrix}-12 & 6T\\ 6T & -2T^2\end{bmatrix}\begin{bmatrix}\boldsymbol{p}_{\mu g}-\boldsymbol{p}_{\mu c}-\boldsymbol{v}_{\mu c}T\\ \boldsymbol{v}_{\mu g}-\boldsymbol{v}_{\mu c}\end{bmatrix} \tag{5-11}$$

$$\mathrm{traj}^*(T)=\sum_{\mu\in\{x,y,z\}}\left(\frac{1}{3}\boldsymbol{\alpha}_\mu^2T^3+\boldsymbol{\alpha}_\mu\boldsymbol{\beta}_\mu T^2+\boldsymbol{\beta}_\mu^2T\right) \tag{5-12}$$

式中，$\boldsymbol{p}_{\mu c}$、$\boldsymbol{p}_{\mu g}$、$\boldsymbol{v}_{\mu c}$、$\boldsymbol{v}_{\mu g}$ 分别为当前位置和目标位置的位置和速度。为了找到使成本最小的最优时间 T，将 $\boldsymbol{\alpha}_\mu$ 和 $\boldsymbol{\beta}_\mu$ 代入traj*(T) 中，并求出$\partial\mathrm{traj}^*(T)/\partial\dot{T}=0$ 的根，记为 T_H。那么traj*(T_H) 即为要求的代价最小的轨迹。最后，将代价函数定义为

$$\boldsymbol{f}_c=\boldsymbol{g}_c+\mathrm{traj}^*(T_H) \tag{5-13}$$

虽然 Hybrid A* 算法无法得到全局最优解，但仍能得到接近最优解的解。更重要的是，Hybrid A* 规划的路径较为平滑，适合四旋翼无人机的飞行。Hybrid A* 算法的伪代码如算法 5.5 所示。图 5-6 所示为 Hybrid A* 算法和 A* 算法在有障碍物环境下的路径规划结果对比。

算法 5.5 Hybrid A* 算法

初始化 初始化容器并加入起点，令起点为节点 p_s；对图中的其他节点 n，预定义启发式函数 $h(n)$ 和路径代价函数 $g(n)$；初始化状态空间 $\boldsymbol{S}$，包括位置、速度、加速度、朝向等；初始化优先队列 $\boldsymbol{O}$，并将起点 p_s 加入 $\boldsymbol{O}$；初始化已扩展节点集合 $\boldsymbol{C}$。

开始循环

步骤 1. 如果 $\boldsymbol{O}$ 为空，跳出算法。

步骤 2. 从 $\boldsymbol{O}$ 中移出具有最小 $f(n)=g(n)+h(n)$ 的节点 p_n。

步骤 3. 将 p_n 标记为已扩展节点。

步骤 4. 如果 p_n 为终点，退出算法。

步骤 5. 对于 p_n 的所有未扩展邻居节点 p_m：

① 计算从 p_n 到 p_m 的控制输入，确保符合运动学约束；

② 计算邻居节点的代价 $g(p_m)$，并更新启发式代价 h (p_m)；

③ 如果 p_m 不在 $\boldsymbol{C}$ 中，且 p_m 不违反物理约束，则

• 如果 p_m 不在 $\boldsymbol{O}$ 中，计算并将其添加到 $\boldsymbol{O}$。

• 如果 p_m 已在 $\boldsymbol{C}$ 中，并且发现了一个更优路径［即 $g(p_m)$ 更小］，则更新其代价并更新父节点。

步骤 6. 如果目标节点未被找到，则继续循环。

结束循环

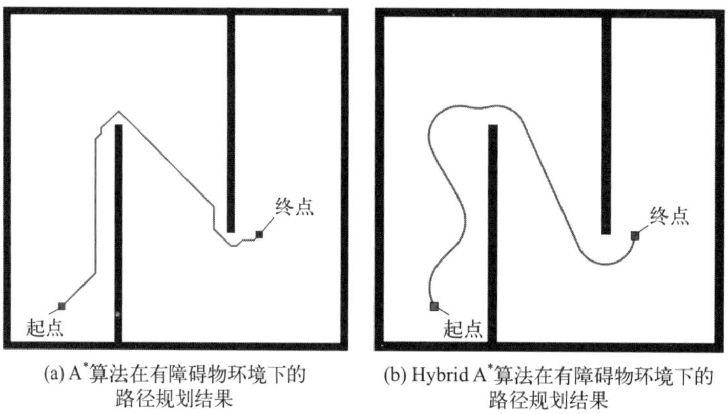

图 5-6 Hybrid A* 算法和 A* 算法在有障碍物环境下的路径规划对比

（粗线段为障碍物，细线段为路径搜索结果）

传统的 RRT* 算法在采样时仅对位置进行采样，而 Kinodynamic RRT*[38] 算法是在全状态空间中采样。Kinodynamic RRT* 算法在寻找最“邻近”节点时，不能仅考虑位置上最接近，而是需要考虑动力学约束，所以这里的最“邻近”节点，可以理解成到新节点连接代价值极小的节点。上述过程中需要求解两个节点间的轨迹，即两点边界值问题或最优两点边界值问题，该问题可以通过前面介绍的庞特里亚金极小值原理进行求解。

传统的 RRT* 会计算所有以新节点为圆心的圆形区域内 RRT 树上已有节点到新节点的代价值，并选取从起点到新节点总代价值最小的那条路线对应的节点作为父节点，这里的代价值一般指欧几里得距离。而 Kinodynamic RRT* 算法是在高维空间中进行的，查找从该节点到达新节点所花费的代价成本 $\boldsymbol{u}(t)$ 在设定的范围内的 RRT 树上已有节点(状态点)，其区域是一个抽象的球形区域。Kinodynamic RRT* 可以得到从初始状态 $\boldsymbol{x}(t_0)=\boldsymbol{x}_0$ 到达最终状态 $\boldsymbol{x}(t_f)=\boldsymbol{x}_1$ 的最短时间的闭式解，然后将固定末端状态和固定到达时间的问题转化为固定末端状态和自由到达时间的问题，进而可以给出到达时间来降低代价函数值。

考虑一个可控的离散动态系统：

$$\begin{cases}\dot{\boldsymbol{x}}(t)=\boldsymbol{A}\boldsymbol{x}(t)+\boldsymbol{B}\boldsymbol{u}(t)\\ J=\int_0^{\tau}(1+\boldsymbol{u}(t)^{\mathrm{T}}\boldsymbol{R}\boldsymbol{u}(t))\mathrm{d}t\end{cases}\tag{5-14}$$

对于固定末端状态和固定到达时间的最优控制问题，构造 Lyapunov 函数：

$$\dot{\boldsymbol{V}}(t)=\boldsymbol{A}\boldsymbol{V}(t)+\boldsymbol{V}(t)\boldsymbol{A}^{\mathrm{T}}+\boldsymbol{B}\boldsymbol{R}^{-1}\boldsymbol{B}^{\mathrm{T}},\boldsymbol{V}(0)=0\tag{5-15}$$

它的闭式解是一个加权可控 Gramian 矩阵：

$$\boldsymbol{V}(t)=\boldsymbol{G}(t)=\int_0^{t}e^{\boldsymbol{A}(t-t')}\boldsymbol{B}\boldsymbol{R}^{-1}\boldsymbol{B}^{\mathrm{T}}e^{\boldsymbol{A}^{\mathrm{T}}(t-t')}\mathrm{d}t'\tag{5-16}$$

因此，系统的最优控制输入为

$$\boldsymbol{u}(t)=\boldsymbol{R}^{-1}\boldsymbol{B}^{\mathrm{T}}e^{\boldsymbol{A}^{\mathrm{T}}(t_f-t)}\boldsymbol{d}(t_f)=\boldsymbol{R}^{-1}\boldsymbol{B}^{\mathrm{T}}\boldsymbol{y}(t)\tag{5-17}$$

式中，$\boldsymbol{d}(t_f)=\boldsymbol{G}(t_f)^{-1}(\boldsymbol{x}_1-\overline{\boldsymbol{x}}(t_f))$，$\overline{\boldsymbol{x}}(t)=\boldsymbol{x}_0e^{\boldsymbol{A}t}$ 表示在没有控制输入的情况下系统在 t 时刻的状态。

结合式(5-14) 和式(5-17)，成本函数的闭式解为

$$\boldsymbol{J}(t_f)=t_f+(\boldsymbol{x}_1-\overline{\boldsymbol{x}}(t_f))^{\mathrm{T}}\boldsymbol{d}(t_f)\tag{5-18}$$

在生成可行轨迹之前，代价函数 J 的值为无穷大，则最优到达时间可由式(5-18)得到：

$$t_f^*=1-2(\boldsymbol{A}\boldsymbol{x}_1)^{\mathrm{T}}\boldsymbol{d}(t_f)-\boldsymbol{d}(t_f)^{\mathrm{T}}\boldsymbol{B}\boldsymbol{R}^{-1}\boldsymbol{B}^{\mathrm{T}}\boldsymbol{d}(t_f)\tag{5-19}$$

进而得到复合微分方程：

$$\begin{cases}\begin{bmatrix}\dot{\boldsymbol{x}}(t)\\ \dot{\boldsymbol{y}}(t)\end{bmatrix}=\begin{bmatrix}\boldsymbol{A} & \boldsymbol{B}\boldsymbol{R}^{-1}\boldsymbol{B}^{\mathrm{T}}\\ 0 & -\boldsymbol{A}^{\mathrm{T}}\end{bmatrix}\begin{bmatrix}\boldsymbol{x}(t)\\ \boldsymbol{y}(t)\end{bmatrix}\\ \begin{bmatrix}\boldsymbol{x}(t_f^*)\\ \boldsymbol{y}(t_f^*)\end{bmatrix}=\begin{bmatrix}\boldsymbol{x}_1\\ \boldsymbol{d}(t_f^*)\end{bmatrix}\end{cases}\tag{5-20}$$

通过求解式(5-20) 可以得到最优轨迹的状态和控制输入：

$$\begin{cases} \boldsymbol{x}(t)=\exp((t-t_f^*)[\boldsymbol{ABR}^{-1}\boldsymbol{B}^{\mathrm{T}}])\begin{bmatrix}\boldsymbol{x}_1\\ \boldsymbol{d}(t_f^*)\end{bmatrix} \\ \boldsymbol{u}(t)=\boldsymbol{R}^{-1}\boldsymbol{B}^{\mathrm{T}}\exp((t-t_f^*)[\boldsymbol{\theta}-\boldsymbol{A}^{\mathrm{T}}])\begin{bmatrix}\boldsymbol{x}_1\\ \boldsymbol{d}(t_f^*)\end{bmatrix} \end{cases} \tag{5-21}$$

将原问题转化为具有固定末端状态和自由到达时间的轨迹规划问题，且最优轨迹的状态和控制输入是唯一确定的。

在 RRT* 算法的基础上，结合式(5-14)、式(5-19) 和式(5-21)，使得拓展随机树的生长不仅逐渐逼近最优轨迹，而且满足系统的动力学约束，避免了传统 RRT* 算法路径不平滑问题。Kinodynamic RRT* 算法的伪代码如算法 5.6 所示。图 5-7 所示为 RRT* 算法和 Kinodynamic RRT* 算法在有障碍物环境下的路径规划结果对比。

算法 5.6 Kinodynamic RRT* 算法

初始化 初始化树 ***TR***，根节点为起点 q_{start}，将 q_{start} 加入树中，最大迭代次数 N。

开始循环

步骤 1. 在配置空间内随机生成一个点 q_{rand}。

步骤 2. 遍历树 ***TR***，找到离 q_{rand} 最近的节点 q_{nearest}。

步骤 3. 如果 q_{nearest} 到 q_{rand} 的路径无碰撞，且距离代价 $J(q_{\text{rand}},q_{\text{nearest}})<r$：

① 从 q_{nearest} 向 q_{rand} 拓展生成新节点 q_{new}，确保 q_{new} 满足动力学约束。

② 使用函数 rewire 更新 q_{new} 的父节点，选择合适的父节点 q_{nearest}。

③ 使用函数 rewire 更新 q_{new} 的子节点，优化整个树结构。

④ 更新总代价 $J=J+J(q_{\text{new}},q_{\text{nearest}})$。

⑤ 将 q_{new} 加入树 ***TR***。

步骤 4. 检查是否到达目标，如果是，则回溯树 ***TR*** 构造路径。

结束循环

函数 rewire(x_1,x_2,T)

步骤 1. 选择使路径代价最小的父节点 $x_{\min J}$：

$$x_{\min J}=\operatorname{argmin}(J(x_1,x_{\text{init}})+J(x_1,x_2))$$

步骤 2. 设置 x_2 的父节点为 $x_{\min J}$：

$$T.parent(x_2)=x_{\min J}$$

步骤 3. 更新 x_2 的代价：

$$J(x_2)=J(x_{\min J},x_{\text{init}})+\min J(x_1,x_2)$$

步骤 4. 返回更新后的父节点 $T.parent(x_2)$。

5.3.3 运动学模型搜索类算法改进

四旋翼无人机在不规则障碍物环境下的路径规划是一个复杂的问题，需要考虑四旋翼

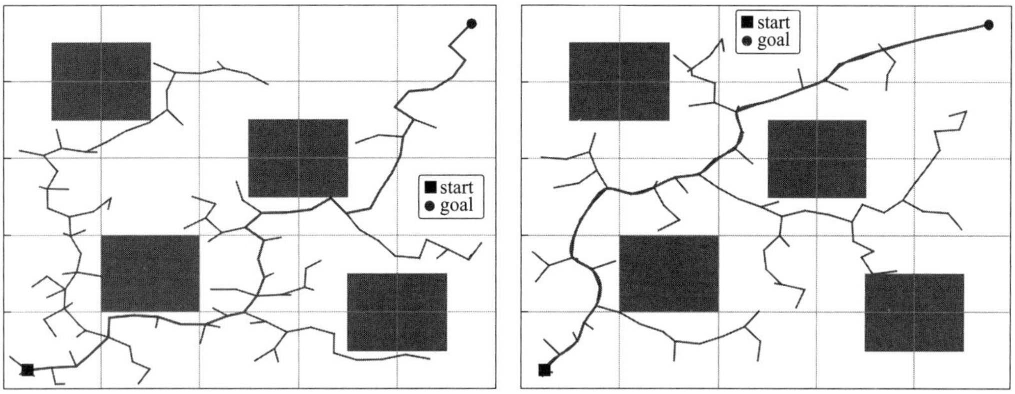

(a) RRT*算法在有障碍物环境下的路径规划结果　　(b) Kinodynamic RRT*算法在有障碍物环境下的路径规划结果

图 5-7　RRT* 算法和 Kinodynamic RRT* 算法在有障碍物环境下的路径规划结果对比
（灰色区域为障碍物，深色线段为路径搜索结果）

无人机的运动学约束、障碍物的形状分布以及飞行的安全性和效率。其中，Kino-RRT*[39]相较于 Kinodynamic RRT* 是一种收敛速度更快的算法，该算法使用部分最终无状态最优控制器的思想来降低状态空间的采样维度。Fuzzy-Kinodynamic RRT*[40]基于 Kinodynamic RRT* 生成全局路径，并提出了一套模糊规则，利用模糊逻辑来避开障碍物，从而引导四旋翼无人机远离未建模的地面障碍物，朝着目标点前进。此外，设计的模糊规则可以增强算法对环境中新障碍物的适应性。RL-Kinodynamic RRT*[41]将机器学习的方法引入了路径规划中。首先，使用深度强化学习来学习一种避障策略，该策略将机器人的传感器观测值映射到动作。其次，以监督的方式训练可达性估算器，该估算器预测强化学习策略在存在障碍物的情况下达到某一状态的时间。最后，引入了 RL-RRT，它使用强化学习策略作为局部规划器，并使用可达性估算器作为距离函数，从而使树的生长偏向有希望的区域。在多四旋翼无人机规划中，MK-RRT*[42]框架包括紧密耦合和松散耦合的规划方法，这种同步、紧密耦合的方法将 Kinodynamic RRT* 推广到了多四旋翼无人机中，为多四旋翼无人机轨迹规划问题提供了一个渐近最优解。即使无法得出精确的传播函数，数据驱动的 Kinodynamic RRT*[43]也可基于使用物理模拟器作为黑匣子来计算考虑动态的轨迹。为了提高其整体效率，该方法预先计算了一个运动数据库，其中包含使用机器人局部框架中定义的不同控制和状态模拟的不同运动。然后，使用运动数据库在规划器迭代期间有效地估计模拟轨迹。当规划器从查询状态达到所需状态时，会检索靠近查询状态附近的运动，并选择最接近所需状态的运动进行树扩展。

上述部分运动学模型搜索算法的优缺点如表 5-4 所示。运动学模型搜索算法适用于非完整系统，能够生成满足实际运动约束的可行路径，尤其在复杂环境中表现出色。然而，其计算复杂度较高，难以快速适应动态环境，且路径平滑性和全局最优性依赖后续优化和合理的参数设置。

表 5-4 代表性运动学模型搜索算法的优缺点对比

代表算法	优点	缺点
Hybrid A*	路径质量较高；能够在复杂环境中工作	计算复杂度较高；搜索效率依赖于参数；易陷入局部最优解
Kinodynamic RRT*	考虑动力学约束；路径可执行性高；适合实时路径规划	计算复杂度较高；路径质量依赖于采样速度；收敛速度慢
Kino-RRT*	收敛速度快；只需对部分状态空间进行采样	路径可行性受影响；易陷入局部最优解
Fuzzy-Kinodynamic RRT*	提高采样效率；适应复杂环境；增强鲁棒性	设计复杂度增加；依赖模糊逻辑质量；参数调优困难
RL-Kinodynamic RRT*	智能化的搜索策略；泛化能力强；适应复杂环境	训练过程复杂且耗时；依赖训练数据质量；参数调优复杂
MK-RRT*	适应多四旋翼无人机的运动约束；高效解决高维空间问题；拓展性强	面临实时性挑战；协调机制复杂；对环境依赖性强

参考文献

[1] Moore E F. The shortest path through a maze [C]//Proc. of the International Symposium on the Theory of Switching. Harvard University Press, 1959: 285-292.

[2] Huffman D A. A method for the construction of minimum-redundancy codes [J]. Proceedings of the IRE, 1952, 40 (9): 1098-1101.

[3] Dijkstra E W. A note on two problems in connexion with graphs [M]//Edsger Wybe Dijkstra: his life, work, and legacy. 2022: 287-290.

[4] Hart P E, Nilsson N J, Raphael B. A formal basis for the heuristic determination of minimum cost paths [J]. IEEE Transactions on Systems Science and Cybernetics, 1968, 4 (2): 100-107.

[5] Li C, Huang X, Ding J, et al. Global path planning based on a bidirectional alternating search A* algorithm for mobile robots [J]. Computers & Industrial Engineering, 2022, 168: 108123.

[6] Harabor D, Grastien A. Improving jump point search [C]//Proceedings of the International Conference on Automated Planning and Scheduling. 2014, 24: 128-135.

[7] Ebendt R, Drechsler R. Weighted A* search-unifying view and application [J]. Artificial Intelligence, 2009, 173 (14): 1310-1342.

[8] Erke S, Bin D, Yiming N, et al. An improved A-Star based path planning algorithm for autonomous land vehicles [J]. International Journal of Advanced Robotic Systems, 2020, 17 (5): 1729881420962263.

[9] Zhong C, Liu S, Lu Q, et al. An efficient fine-to-coarse wayfinding strategy for robot navigation in regionalized environments [J]. IEEE Transactions on Cybernetics, 2016, 46 (12): 3157-3170.

[10] Likhachev M, Gordon G J, Thrun S. ARA*: Anytime A* with provable bounds on sub-optimality [J]. Advances in Neural Information Processing Systems, 2003, 16.

[11] Stentz A. Optimal and efficient path planning for partially-known environments [C]//Proceedings of the 1994 IEEE International Conference on Robotics and Automation. IEEE, 1994: 3310-3317.

[12] Koenig S, Likhachev M, Furcy D. Lifelong planning A* [J]. Artificial Intelligence, 2004, 155 (1-2): 93-146.

[13] Koenig S, Likhachev M. D* lite [C]//Eighteenth national conference on Artificial intelligence. 2002: 476-483.

[14] Likhachev M，Ferguson D I，Gordon G J，et al. Anytime dynamic A*：An anytime，replanning algorithm [C]//ICAPS. 2005，5：262-271.

[15] Kuwata Y，Fiore G A，Teo J，et al. Motion planning for urban driving using RRT [C]//2008 IEEE/RSJ International Conference on Intelligent Robots and Systems. IEEE，2008：1681-1686.

[16] Kavraki L E，Kolountzakis M N，Latombe J C. Analysis of probabilistic roadmaps for path planning [J]. IEEE Transactions on Robotics and Automation，1998，14 (1)：166-171.

[17] Jin X，Yan Z，Yang H，et al. A goal-biased RRT path planning approach for autonomous ground vehicle [C]// 2020 CAA international conference on vehicular control and intelligence. IEEE，2020：743-746.

[18] Gul F，Rahiman W. An integrated approach for path planning for mobile robot using bi-rrt [C]//IOP conference series：materials science and engineering. IOP Publishing，2019，697 (1)：012022.

[19] Kuffner J J，LaValle S M. RRT-connect：An efficient approach to single-query path planning [C]//2000 IEEE International Conference on Robotics and Automation. IEEE，2000，2：995-1001.

[20] Li D，Li Q，Cheng N，et al. Extended RRT-based path planning for flying robots in complex 3D environments with narrow passages [C]//2012 IEEE international Conference on Automation Science and Engineering. IEEE，2012：1173-1178.

[21] Zhao P，Chang Y，Wu W，et al. Dynamic RRT：fast feasible path planning in randomly distributed obstacle environments [J]. Journal of Intelligent & Robotic Systems，2023，107 (4)：48.

[22] Noreen I，Khan A，Habib Z. A comparison of RRT，RRT* and RRT*-smart path planning algorithms [J]. International Journal of Computer Science and Network Security (IJCSNS)，2016，16 (10)：20.

[23] Akgun B，Stilman M. Sampling heuristics for optimal motion planning in high dimensions [C]//2011 IEEE/RSJ International Conference on Intelligent Robots and Systems. IEEE，2011：2640-2645.

[24] Nasir J，Islam F，Malik U，et al. RRT*-SMART：A rapid convergence implementation of RRT [J]. International Journal of Advanced Robotic Systems，2013，10 (7)：299.

[25] Wang X，Ma X，Li X，et al. Target-biased informed trees：sampling-based method for optimal motion planning in complex environments [J]. Journal of Computational Design and Engineering，2022，9 (2)：755-771.

[26] Chang J，Dong N，Li D，et al. Skeleton extraction and greedy-algorithm-based path planning and its application in UAV trajectory tracking [J]. IEEE Transactions on Aerospace and Electronic Systems，2022，58 (6)：4953-4964.

[27] Kyaw P T，Le A V，Veerajagadheswar P，et al. Energy-efficient path planning of reconfigurable robots in complex environments [J]. IEEE Transactions on Robotics，2022，38 (4)：2481-2494.

[28] Karaman S，Walter M R，Perez A，et al. Anytime motion planning using the RRT [C]//2011 IEEE international conference on robotics and automation. IEEE，2011：1478-1483.

[29] Wang J，Meng M Q H，Khatib O. EB-RRT：Optimal motion planning for mobile robots [J]. IEEE Transactions on Automation Science and Engineering，2020，17 (4)：2063-2073.

[30] Bohlin R，Kavraki L E. Path planning using lazy PRM [C]// 2000 IEEE International Conference on Robotics and Automation. IEEE，2000，1：521-528.

[31] Karaman S，Frazzoli E. Sampling-based algorithms for optimal motion planning [J]. The International Journal of Robotics Research，2011，30 (7)：846-894.

[32] Siméon T，Laumond J P，Nissoux C. Visibility-based probabilistic roadmaps for motion planning [J]. Advanced Robotics，2000，14 (6)：477-493.

[33] Lai T，Ramos F，Francis G. Balancing global exploration and local-connectivity exploitation with rapidly-exploring random disjointed-trees [C]//2019 IEEE International Conference on Robotics and Automation. IEEE，2019：5537-5543.

[34] Ye L，Chen J，Zhou Y. Real-time path planning for robot using OP-PRM in complex dynamic environment [J]. Frontiers in Neurorobotics，2022，16：910859.

[35] Liu C, Xie S, Sui X, et al. PRM-D* method for mobile robot path planning [J]. Sensors, 2023, 23 (7): 3512.

[36] Hüppi M, Bartolomei L, Mascaro R, et al. T-PRM: Temporal probabilistic roadmap for path planning in dynamic environments [C]//2022 IEEE/RSJ International Conference on Intelligent Robots and Systems. IEEE, 2022: 10320-10327.

[37] Sedighi S, Nguyen D V, Kuhnert K D. Guided hybrid A-star path planning algorithm for valet parking applications [C]//2019 IEEE International Conference on Control, Automation and Robotics. IEEE, 2019: 570-575.

[38] Webb D J, Van Den Berg J. Kinodynamic RRT*: Asymptotically optimal motion planning for robots with linear dynamics [C]//2013 IEEE International Conference on Robotics and Automation. IEEE, 2013: 5054-5061.

[39] Zheng D, Tsiotras P. Accelerating kinodynamic RRT* through dimensionality reduction [C]//2021 IEEE/RSJ International Conference on Intelligent Robots and Systems. IEEE, 2021: 3674-3680.

[40] Chen L, Mantegh I, He T, et al. Fuzzy kinodynamic RRT: a dynamic path planning and obstacle avoidance method [C]//2020 IEEE International Conference on Unmanned Aircraft Systems. IEEE, 2020: 188-195.

[41] Chiang H T L, Hsu J, Fiser M, et al. RL-RRT: Kinodynamic motion planning via learning reachability estimators from RL policies [J]. IEEE Robotics and Automation Letters, 2019, 4 (4): 4298-4305.

[42] Cain B, Kalaitzakis M, Vitzilaios N. MK-RRT*: Multi-Robot Kinodynamic RRT Trajectory Planning [C]//2021 IEEE International Conference on Unmanned Aircraft Systems. IEEE, 2021: 868-876.

[43] Lee J, Shin H, Yoon S. Data-driven kinodynamic RRT [C]//2017 IEEE International Conference on Advanced Robotics. IEEE, 2017: 91-98.

第6章

四旋翼无人机后端优化问题与常用轨迹类

基于第 5 章所介绍的前端规划算法，四旋翼无人机已经能够生成一条在环境中无碰撞的路径。然而，前端路径规划产生的路径往往是以折线的形式展现出来，而四旋翼无人机在实际的运动中，如果按照前端生成的路径跟踪，其需要在折点停下来然后再进行下一段的运动，这种运动方式对四旋翼无人机的能量消耗非常大。所以，需要在后端对前端规划出的路径进行优化，生成一条符合第 2 章中所介绍的四旋翼无人机动力学，且包含高阶信息的可执行平滑运动轨迹。在本章中，我们首先介绍四旋翼无人机轨迹优化的通用形式和常采用的轨迹类。

6.1 优化问题构建

结合第 2 章中介绍的四旋翼无人机动力学微分平坦特性，轨迹优化问题的本质可以被视为解决如下优化问题[1]：

$$
\begin{aligned}
&\min_{\boldsymbol{\sigma}(t),T}\int_0^T \boldsymbol{v}(t)\boldsymbol{\Lambda}\boldsymbol{v}(t)\mathrm{d}t+\lambda(T)\\
\text{s. t.}\quad &\boldsymbol{\sigma}^{(s)}(t)=\boldsymbol{v}(t),\forall t\in[0,T]\\
&\boldsymbol{\sigma}^{[s-1]}(0)=\overline{\boldsymbol{\sigma}}_0,\boldsymbol{\sigma}^{[s-1]}(T)=\overline{\boldsymbol{\sigma}}_f\\
&G(\boldsymbol{\sigma}(t),\cdots,\boldsymbol{\sigma}^{(s)}(t),t)<\mathbf{0},\forall t\in[0,T]
\end{aligned}
\tag{6-1}
$$

为了实现飞行轨迹的平滑性，通常在后端轨迹优化中使用带有时间正则化项的二次控制代价函数方程对微分平坦输出 $\boldsymbol{\sigma}(t)$ 进行优化。优化问题中，$\boldsymbol{v}(t)=\boldsymbol{\sigma}^{(s)}(t)$ 代表一组新的输入变量，$\boldsymbol{\Lambda}$ 是一个正定对角矩阵，$\lambda:[0,\infty)\mapsto[0,\infty]$表示代价函数的时间正则化项。

随后，定义式(6-2)：

$$
\boldsymbol{\sigma}^{[s-1]}=(\boldsymbol{\sigma}^{\mathrm{T}},\dot{\boldsymbol{\sigma}}^{\mathrm{T}},\cdots,\boldsymbol{\sigma}^{(s-1)^{\mathrm{T}}})^{\mathrm{T}}
\tag{6-2}
$$

那么优化问题中的第二个等式约束有 $\boldsymbol{\sigma}^{[s-1]}(0)=\overline{\boldsymbol{\sigma}}_0$，$\boldsymbol{\sigma}^{[s-1]}(T)=\overline{\boldsymbol{\sigma}}_f$ 表示满足特定初始和最终边界条件的平坦输出轨迹。结合第 2 章的微分平坦映射定义，可以直接将四旋翼无人机动力学精确线性化为解耦积分链的控制输入向量，可以表示为 $\boldsymbol{u}=\Psi_u(\boldsymbol{\sigma}^{[s-1]},\boldsymbol{v})$。

对于四旋翼无人机，介绍不同的 s 阶导数代表不同的意义。如表 6.1 所示，当 $s=0$ 时，$\boldsymbol{\sigma}^{\mathrm{T}}$ 代表四旋翼无人机的位置信息；当 $s=1$ 时，$\dot{\boldsymbol{\sigma}}^{\mathrm{T}}$ 代表四旋翼无人机的速度信息；当 $s=2$ 时，$\ddot{\boldsymbol{\sigma}}^{\mathrm{T}}$ 代表四旋翼无人机的加速度信息；当 $s=3$ 时，$\boldsymbol{\sigma}^{(3)^{\mathrm{T}}}$ 代表四旋翼无人机的急动度（jerk）信息，用以描述四旋翼无人机加速度变化的快慢和方向；当 $s=4$ 时，$\boldsymbol{\sigma}^{(4)^{\mathrm{T}}}$ 代表四旋翼无人机的弹跳度（snap）信息，用以描述四旋翼无人机急动度变化的快慢和方向。不同的优化需求对应着不同的 s 的选取。当需要尽可能避免四旋翼无人机原地旋转时，即意味着最小化四旋翼无人机视差的变化率，这通常需要最小化四旋翼无人机运动的角速度，对应最小化 jerk；当需要尽可能节约能量时，即意味着最小化推力的变化，使得推力变化更加平缓，对应最小化 snap。

表 6-1 不同阶数导数对应的实际物理意义

阶数	平移	旋转	力
0	位置	—	—
1	速度	—	—
2	加速度	姿态	—
3	急动度(jerk)	角速度	推力
4	弹跳度(snap)	角加速度	推力变化

优化问题中的最后的不等式 $G(\boldsymbol{\sigma}(t),\cdots,\boldsymbol{\sigma}^{(s)}(t),t)<\mathbf{0}$，$\forall t\in[0,T]$包括避障约束、驱动器限位约束和根据具体任务自定义的约束。自定义的任务约束通常是指将四旋翼无人机的轨迹规划耦合到具体需求中产生的约束，例如目标跟踪问题中的相对距离约束和视野中心约束，集群问题中的编队约束和相互避碰约束等。

值得一提的是，式(6-1) 所展示的优化问题是采用硬约束的形式构建的，硬约束指的是所有的约束条件需要在全局条件下满足。采用该形式优化出的轨迹满足式(6-1) 中的所有约束，否则得到的解是不可行的。与之对应的软约束优化问题是将式(6-1) 中的硬约束以罚函数的形式加到目标函数中，通过对违反约束的程度的惩罚实现轨迹优化：

$$\min_{\boldsymbol{\sigma}(t),T}\int_0^T \boldsymbol{v}(t)\boldsymbol{\Lambda}\boldsymbol{v}(t)\mathrm{d}t+\lambda(T)+\rho_1 L(G(\boldsymbol{\sigma}(t),\cdots,\boldsymbol{\sigma}^{(s)}(t),t))+\rho_2 L(\boldsymbol{\sigma}^{[s-1]}(t)) \tag{6-3}$$

式中，ρ_1 和 ρ_2 为权重系数；$L(\cdot)$ 代表惩罚函数。

在这种形式下，约束是倾向于被实现而非严格满足的。软约束的形式可以为优化问题的求解提供一定的灵活性，并在一定程度上缓解了采用硬约束形式求解优化问题无法得出解的问题。当然，这也会引入违背约束的风险，这在某些情况下是不可接受的。

6.2 后端轨迹优化常用轨迹类

选择不同类型的轨迹不仅直接影响优化问题的表述，还因其固有属性给整个轨迹优化过程带来独特的特点。因此，本小节对四旋翼无人机轨迹优化中常用的几种轨迹类别进行介绍和对比。

6.2.1 多项式曲线

最初，在四旋翼无人机轨迹优化中，大多数研究选择多项式曲线来描述四旋翼无人机的轨迹。这种选择的原因是多项式的导数仍然是多项式，因此可以以多项式形式表达航点及其高阶约束，例如对这些航点的速度和加速度的要求。通过构建等式约束，可以求解多项式的系数，从而优化出一条满足约束且目标函数达到最优的多项式轨迹。

以一段三次多项式轨迹为例：

$$p_\varepsilon(t)=a_3t^3+a_2t^2+a_1t+a_0 \tag{6-4}$$

式中，$\varepsilon\in\{x,y,z\}$；a_3，a_2，a_1 和 a_0 三次多项式的系数。通过对位置函数关于时间求导，可以得到速度函数。因此，基于当前时刻的初始位置 $p_{\varepsilon c}$ 和速度 $\boldsymbol{v}_{\varepsilon c}$，以及最终

时刻 T 的位置 $p_{\varepsilon g}$ 和速度 $\boldsymbol{v}_{\varepsilon g}$，可以得到以下矩阵等式：

$$\begin{bmatrix} 0 & 0 & 0 & 1 \\ 0 & 0 & 1 & 0 \\ T^3 & T^2 & T & 1 \\ 3T^2 & 2T & 1 & 0 \end{bmatrix} \begin{bmatrix} a_3 \\ a_2 \\ a_1 \\ a_0 \end{bmatrix} = \begin{bmatrix} p_{\varepsilon c} \\ \boldsymbol{v}_{\varepsilon c} \\ p_{\varepsilon g} \\ \boldsymbol{v}_{\varepsilon g} \end{bmatrix} \tag{6-5}$$

通过求解上述矩阵方程，可以得到多项式轨迹的系数。在更一般的情况下，例如多段连续轨迹，多项式轨迹的系数数量多于约束条件的数量，这意味着多项式轨迹的系数不是唯一确定的，需要通过求解优化问题来得到。以下给出一个常用的采用多项式曲线进行轨迹优化所构建的目标函数的示例：

对于每个维度，考虑一条 m 段、n 阶的多项式轨迹，那么每段轨迹可以表示为如下形式：

$$p_m(t) = a_n t^n + \cdots + a_2 t^2 + a_1 t + a_0 \tag{6-6}$$

并让$\boldsymbol{a}_m = [a_0, a_1, a_2, \cdots, a_n]^{\mathrm{T}}$ 表示第 m 段多项式轨迹的系数，那么优化问题的目标函数能被写为：

$$\begin{aligned} J &= \sum_{\varepsilon \in \{x,y,z\}} \int_0^{\mathrm{T}} [p_\varepsilon^{(s)}(t)]^2 \\ &= \sum_{\varepsilon \in \{x,y,z\}} \sum_{i=1}^{m} \boldsymbol{a}_{i,\varepsilon}^{\mathrm{T}} \int_0^{\mathrm{T}} t^{(s)} (t^{(s)})^{\mathrm{T}} \mathrm{d}t \boldsymbol{a}_{i,\varepsilon} \\ &= \sum_{\varepsilon \in \{x,y,z\}} \boldsymbol{a}^{\mathrm{T}} \boldsymbol{Q} \boldsymbol{a} \end{aligned} \tag{6-7}$$

式中，$T = t_1 + t_2 + \cdots + t_m$ 代表轨迹的总时长，t_i 代表每段轨迹的时间，且

$$t^{(s)} = \frac{\mathrm{d}^s [1, t, t^2, \cdots, t^n]^{\mathrm{T}}}{\mathrm{d}t^s} \tag{6-8}$$

代表时间向量 $[1, t, t^2, \cdots, t^n]$ 的 s^{th} 阶导数；$\boldsymbol{a}^{\mathrm{T}} = [\boldsymbol{a}_{1,\varepsilon}^{\mathrm{T}}, \boldsymbol{a}_{2,\varepsilon}^{\mathrm{T}}, \cdots, \boldsymbol{a}_{m,\varepsilon}^{\mathrm{T}}]$ 代表 m 段多项式表征的轨迹的系数向量。对于优化问题中的约束，一个常见的形式是保证相邻的轨迹在连接处是高阶连续的，即第 $i-1$ 段轨迹的末端与第 i 段轨迹的始端的位置、速度、加速度乃至急动度和弹跳度相等。

许多经典工作都基于多项式轨迹类来进行四旋翼无人机的轨迹规划。Vijay Kumar 等人提出了一项特别经典的工作[2]，他们利用多项式轨迹类来优化四旋翼无人机的轨迹，这些轨迹可以被低层控制器跟踪。在此基础上，考虑到实时轨迹性能，Oleynikov 等人提出了一种连续时间轨迹优化方法[3]，用于四旋翼无人机的实时避障，并将其作为局部规划器以确保四旋翼无人机能够以高频率连续计算安全轨迹。

此外，为了生成时间最优轨迹，文献［4］引入了一种有效的方法，该方法充分利用四旋翼无人机控制器的全部潜力，同时优化时间分配和轨迹本身。为了应对四旋翼无人机飞行任务需求的变化，Mueller 等人提出了一种高效的算法来生成运动基元，这些基元可以快速评估和连接，以响应环境和任务需求的动态变化，有效地解决了在实时和复杂环境中快速生成四旋翼飞行器轨迹的问题[5]。此外，多项式轨迹已在许多四旋翼飞行器竞赛[6]和涉及视觉引导的四旋翼飞行器研究[7]中得到广泛应用，充分发挥了四旋翼飞行器

的敏捷性和灵活性。

6.2.2　贝塞尔曲线

贝塞尔曲线起源于计算机图形学中的一个经典概念，整个贝塞尔曲线的形状由其控制点决定。图 6-1 展示了采用不同个数的控制点生成的贝塞尔曲线。

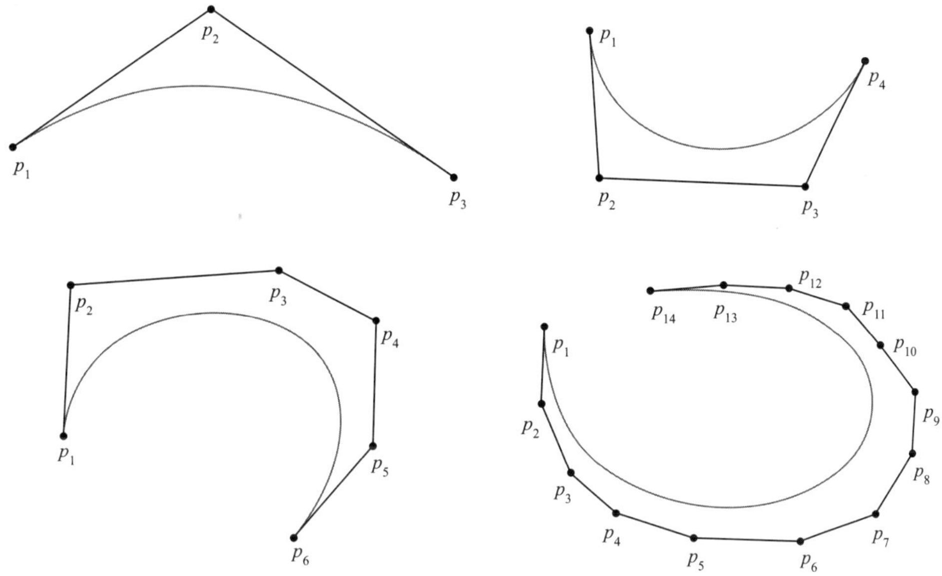

图 6-1　采用不同个数控制点生成的贝塞尔曲线

（p_n 代表控制点，浅色曲线代表基于控制点生成的贝塞尔曲线）

最初，贝塞尔曲线被广泛用于设计平滑的曲线和曲面。贝塞尔曲线被用作四旋翼无人机轨迹的表示媒介，主要是因为它具有三个独特的属性：

① 端点控制：曲线只经过两个端点的控制点（起点和终点），其他所有点只是逼近，一般不经过，这天然地与轨迹规划中的起始点相匹配。

② 凸包限制：贝塞尔曲线始终位于包含所有控制点的最小凸多边形中，这允许通过控制点的凸包来限制规划轨迹的范围。这一特性可以与使用凸多面体的并集来定义的安全飞行走廊（7.1.1 章节）的概念完美融合。

③ 导数特性：贝塞尔曲线的导数仍然是贝塞尔曲线。由于我们总是希望四旋翼无人机的轨迹包含足够的高阶信息，贝塞尔曲线的导数特性便于描述速度、加速度、急动度和弹跳度等高阶信息。

当使用贝塞尔曲线进行轨迹优化时，一种常用的方法是通过贝塞尔曲线的控制点来描述目标函数和约束条件，然后通过优化这些控制点来优化轨迹。对于经典的贝塞尔曲线，时间范围必须限制在 [0,1] 之间。因此，引入了一个缩放因子来适应任意时间间隔的轨迹，从而形成以下形式：

$$B(t)=\sum_{i=0}^{n}\boldsymbol{c}^{i}b_{n}^{i}(t) \tag{6-9}$$

$$b_n^i(t)=\binom{n}{i}\left(\frac{t}{T}\right)^i\left(1-\frac{t}{T}\right)^{n-i} \tag{6-10}$$

式中，$\boldsymbol{c}$ 表示控制点向量；n 代表贝塞尔曲线的次数。

基于贝塞尔曲线的四旋翼无人机轨迹规划在各个领域都得到了广泛的应用。为了应对四旋翼无人机在复杂环境中高速运动的挑战，文献［8］中提出了一种在未知复杂动态环境中进行四旋翼无人机轨迹规划的算法。在目标跟踪领域，文献［9］使用基于贝塞尔曲线的轨迹规划实现了在复杂环境中对移动目标的鲁棒跟踪。为了满足实际任务需求，文献［10］中提出的算法实现了对机动能力更强的目标的稳定跟踪。为了方便地解决任务点重新分配后的轨迹规划问题，文献［11］中采用基于动态模型的 Bezier curve-based shaping（BCBS）方法，从而能快速生成四旋翼无人机的三维协同轨迹。此外，一些研究也基于贝塞尔曲线成功权衡了四旋翼无人机在未知复杂环境下的机动性和安全性。为了更好地结合四旋翼无人机的硬件结构，从而保证四旋翼无人机在硬件条件约束下完成轨迹规划，文献［12］中提出了基于 Interfered Fluid Dynamical System（IFDS）和贝塞尔曲线的三维轨迹规划方法。此外，基于贝塞尔曲线在多障碍物环境中进行四旋翼无人机集群的轨迹规划，可以有效地完成多四旋翼无人机的目标跟踪、监视和包围等任务[13]。

6.2.3 B 样条曲线

尽管贝塞尔曲线因为其优异的性质在轨迹规划问题中得到了广泛的应用，但其仍有着一些缺点，其中最主要的问题在于贝塞尔曲线无法做局部修改，这是一个很大的局限性。当对其中一个控制点做出更改时，整条轨迹都会相对应地发生变化。因此，在需要局部调整的场景中，贝塞尔曲线可能不是一个最佳选择。在此基础上，Gordon 和 Riesenfeld 等人又提出了 B 样条曲线，其提供了更好的局部控制能力。对于 B 样条曲线，修改一个控制点主要影响曲线的一个局部区域，而对其他部分的影响较小。图 6-2 展示了 B 样条曲线的这一特点。这使得 B 样条曲线在需要局部调整的场景中成为更合适的选择。

数学上，一条 B 样条曲线由次数（degree）p_b，$n+1$ 个控制点 $\{\boldsymbol{Q}_0,\boldsymbol{Q}_1,\cdots,\boldsymbol{Q}_n\}$ 和节点向量 $[\boldsymbol{t}_0,\boldsymbol{t}_1,\cdots,\boldsymbol{t}_v]$ 唯一确定，其中 $\boldsymbol{Q}_i\in\mathbb{R}^3$，$t_v\in\mathbb{R}$，且 V 满足 $V=p_b+n+1$。B 样条曲线可以表示为

$$\boldsymbol{C}(\boldsymbol{t})=\sum_{i=0}^{n}N_{i,p_b}(\boldsymbol{t})\boldsymbol{Q}_i \tag{6-11}$$

式中，$N_{i,p_b}(\boldsymbol{t})$ 是次数为 p_b 的 B 样条基函数，其被递归定义为

$$N_{i,0}(\boldsymbol{t})=\begin{cases}1, & \boldsymbol{t}_i\leqslant\boldsymbol{t}<\boldsymbol{t}_{i+1}\\0, & 其他\end{cases} \tag{6-12}$$

$$N_{i,p_b}(\boldsymbol{t})=\frac{\boldsymbol{t}-\boldsymbol{t}_i}{\boldsymbol{t}_{i+p_b}-\boldsymbol{t}_i}N_{i,p_b-1}(\boldsymbol{t})+\frac{\boldsymbol{t}_{i+p_b+1}-\boldsymbol{t}}{\boldsymbol{t}_{i+p_b+1}-\boldsymbol{t}_{i+1}}N_{i+1,p_b-1}(\boldsymbol{t}) \tag{6-13}$$

B 样条曲线的导数可以写为

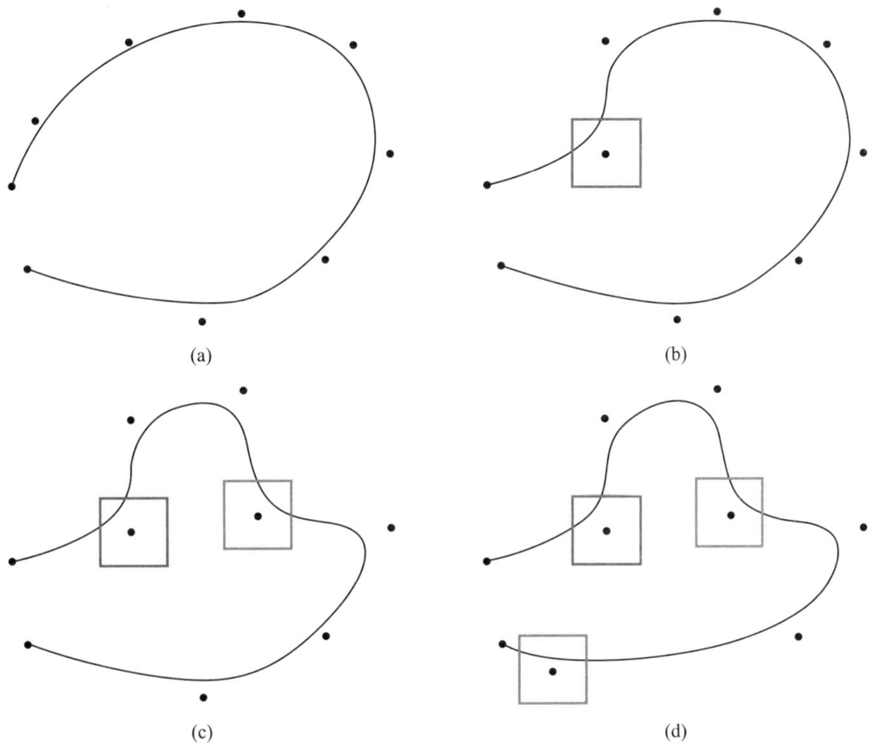

图 6-2　(a)～(d) 分别表示移动一个控制点对生成的 B 样条曲线的影响
（黑色点代表控制点，黑色曲线代表生成的 B 样条曲线）

$$
\begin{aligned}
\boldsymbol{C}^{(1)}(\boldsymbol{t}) &= \sum_{i=0}^{n}\left(\frac{p_b}{\boldsymbol{t}_{i+p_b}-\boldsymbol{t}_i}N_{i,p_b-1}(\boldsymbol{t})+\frac{-p_b}{\boldsymbol{t}_{i+p_b+1}-\boldsymbol{t}_{i+1}}N_{i+1,p_b-1}(\boldsymbol{t})\right)\boldsymbol{Q}_i \\
&= \sum_{i=0}^{n-1}N_{i+1,p_b-1}(\boldsymbol{t})\left(\frac{p_b}{\boldsymbol{t}_{i+p_b+1}-\boldsymbol{t}_{i+1}}\boldsymbol{Q}_{i+1}+\frac{-p_b}{\boldsymbol{t}_{i+p_b+1}-\boldsymbol{t}_{i+1}}\boldsymbol{Q}_i\right) \\
&= \sum_{i=0}^{n-1}N_{i+1,p_b-1}(\boldsymbol{t})\mathbf{V}_i
\end{aligned}
\tag{6-14}
$$

式中，$\mathbf{V}_i$ 代表速度控制点。同理，B 样条曲线的二阶导数和加速度控制点可以被写为

$$
\boldsymbol{C}^{(2)}(\boldsymbol{t}) = \sum_{i=0}^{n-2}N_{i+2,p_b-2}(\boldsymbol{t})\mathbf{A}_i \tag{6-15}
$$

$$
\mathbf{A}_i = \frac{(p_b-1)(\mathbf{V}_{i+1}-\mathbf{V}_i)}{\boldsymbol{t}_{i+p_b+1}-\boldsymbol{t}_{i+2}} \tag{6-16}
$$

与使用贝塞尔曲线进行轨迹优化类似，在使用 B 样条曲线进行轨迹优化时，一种常见的方法是利用 B 样条曲线的控制点 $\{\boldsymbol{Q}_0,\boldsymbol{Q}_1,\cdots,\boldsymbol{Q}_{N_c}\}$ 来描述目标函数和约束条件，然后通过优化这些控制点来优化轨迹。

由于 B 样条曲线的优秀特性，其常常被优先用于四旋翼飞行器的轨迹规划[14]。为了减少四旋翼飞行器轨迹规划的计算时间，文献［15］中采用 B 样条曲线作为轨迹类，并提出了一个无需欧几里得有符号距离场（euclidean signed distance field，ESDF）的规划框架。为了提高四旋翼飞行器在复杂三维环境中自主飞行的安全性，文献［16］中提出了一种基于B样条曲线导数特性的速度自适应运动规划方法，该方法限制了相邻控制点之间的距离。这种方法在局部规划中考虑了时间效率、非静态初始状态和动态可行性。通过约束四旋翼飞行器紧密跟随前端生成的全局路径，并在后端使用B样条曲线进行局部轨迹优化，可以确保算法的实时性能，使四旋翼无人机能够应用于具有未知动态障碍物的环境[17]。此外，四旋翼无人机以其高机动性，在航空摄影任务中具有显著优势。考虑到相机的有限视场，文献［18］中提出了一种最优时间轨迹规划方法，该方法采用了B样条曲线作为轨迹类，并构建对应的目标函数和约束以确保四旋翼无人机在运动过程中维持对图像特征的可见性。此外，基于B样条曲线的四旋翼无人机轨迹规划还被广泛应用于未知区域的探索[19]和农业任务[20]。

6.2.4 MINVO曲线

在引出MINVO曲线前，先对n-单纯形进行介绍。n-单纯形指的是由$n+1$个非线性相关的顶点所构成的凸包。对于一条给定的次数为n的曲线，贝塞尔曲线和B样条曲线的多项式基能够生成包围这条曲线的n-单纯形，但生成的n-单纯形并不是最小的，从而会导致优化出的轨迹过于保守。因此，在选定曲线次数为n的前提下，通过构造一个最小化该n-单纯形的优化问题，得到了一组基，并将其命名为MINVO基。MINVO基具有以下的性质[21]：

① 当$n=1,2,3$时，给定一条次数为n的曲线，基于MINVO基生成的n-单纯形是数值全局最优的，也就是最小的。

② 当给定一个n-单纯形，基于MINVO基生成的、内切于该单纯形的、次数为n的曲线的凸包面积是最大的。

图6-3和图6-4给出了当$n=3$时上述性质的可视化结果。由此，MINVO轨迹类带来的优势也是显而易见的，即当给定一个形如凸包的安全飞行走廊（7.1.1章节）时，在选用同等次数的曲线的前提下，基于MINVO轨迹类所优化出的曲线往往会有更多的可能。换言之，在给定同等曲线的前提下，基于MINVO基计算的凸包空间会更小，这也就意味着给四旋翼无人机穿越更小的空间带来了更大的可能。尽管使用非n-单纯形，即具有超过$n+1$的多面体可以提供更紧凑的体积近似，但代价是顶点数量更多，这最终可能会增加实时应用中的计算时间。此外，MINVO由于其线性特性（即单纯形是曲线系数矩阵的线性变换，因此避免了对于昂贵的迭代算法的需求）和与曲线的独立性（即定义这种线性变换的矩阵对于所有同一度的曲线都是相同的），其在实时计算和优化问题中使用时具有理想的效果。但是，MINVO基只保证了当$n=1,2,3$时的数值最优性；当$n=4$时，只具有局部最优性；当$n\geqslant 5$时，只具备可行性。

值得一提的是，对于一段轨迹的某一段j，MINVO曲线控制点和B样条曲线控制点存在着以下关系：

$$\boldsymbol{Q}_j^{MV}=\boldsymbol{Q}_j^{BS}\boldsymbol{A}_{pos}^{BS}(j)(\boldsymbol{A}_{pos}^{MV})^{-1} \tag{6-17}$$

$$\boldsymbol{V}_j^{MV}=\boldsymbol{V}_j^{BS}\boldsymbol{A}_{vel}^{BS}(j)(\boldsymbol{A}_{vel}^{MV})^{-1} \tag{6-18}$$

式中，$\boldsymbol{Q}_j^{MV}$ 和$\boldsymbol{V}_j^{MV}$ 分别代表 MINVO 曲线的位置控制点矩阵和速度控制点矩阵；$\boldsymbol{Q}_j^{BS}$ 和$\boldsymbol{V}_j^{BS}$ 分别代表 B 样条曲线的位置控制点矩阵和速度控制点矩阵；矩阵$\boldsymbol{A}_{pos}^{BS}$ 与$\boldsymbol{A}_{vel}^{BS}$ 都是已知的。考虑到$\boldsymbol{V}_j^{BS}$ 可以由$\boldsymbol{Q}_j^{BS}$ 线性表示，因此 MINVO 轨迹控制点矩阵中的每个控制点 Q_j^{MV} 和 V_j^{MV} 可以被写为

$$Q_j^{MV}=f_j^{BS\to MV}(Q_j^{BS}) \tag{6-19}$$

$$V_j^{MV}=h_j^{BS\to MV}(Q_j^{BS}) \tag{6-20}$$

式中，$f_j^{BS\to MV}$ 和 $h_j^{BS\to MV}$ 是已知的线性函数。

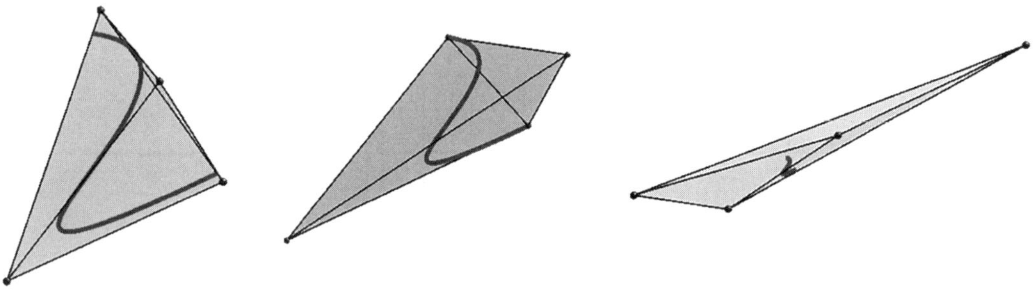

图 6-3　对于一条给定的 3 次曲线，从左到右依次为采用 MINVO 基、贝塞尔基和 B 样条基找到的包围该曲线的 3-单纯形

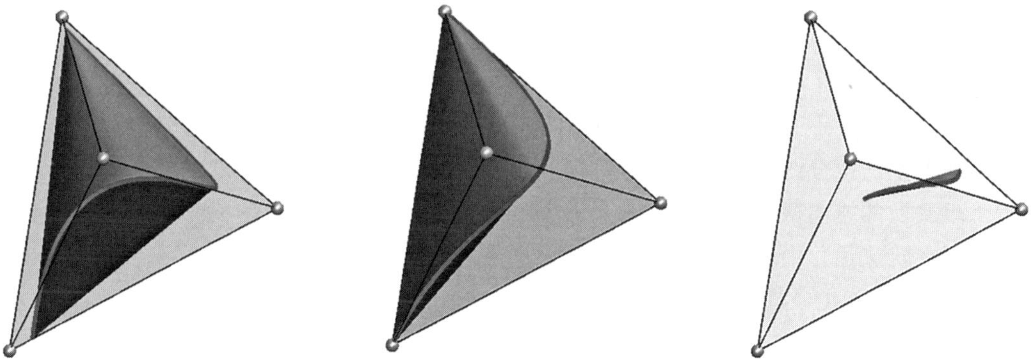

图 6-4　对于一个给定的 3-单纯形，从左到右依次为采用 MINVO 基、贝塞尔基和 B 样条基找到的 3 次曲线的凸包

为了充分利用 MINVO 轨迹类的全局最优性，通常采用三次曲线来描述四旋翼无人机的轨迹。使用 MINVO 轨迹类进行轨迹优化的本质与使用贝塞尔曲线和 B 样条曲线相同，即通过优化控制点来优化轨迹。MINVO 轨迹类的应用主要针对四旋翼飞行器的周期性轨迹跟踪问题，允许在环境中包含静态和移动障碍物时，出现参考轨迹可能无效的情况[22]。文献［23］利用 MINVO 的性质提出了一种无碰撞的模型预测轨迹跟踪控制算法。面向四旋翼无人机集群规划，Tordesillas 等人[24]采用 MINVO 轨迹类提出了一种分布式异步轨迹规划器，该规划器能够在包含静态障碍物、动态障碍物和其他智能体的环境中，保证集群中每条四旋翼无人机轨迹的安全性。

6.2.5 MINCO曲线

从本质上来说，MINCO 轨迹类也是多项式曲线的一种，但是其优越性相较于上述所有的轨迹类在于，MINCO 轨迹类的稀疏参数可以直接控制一个轨迹的空间形变和时间形变，这两者的自由度对于轨迹规划而言是同等重要的。如图 6-5 所示，不恰当的时间分配会使得轨迹出现大幅度和不必要的弯曲，从而增加四旋翼无人机飞行时的能耗。

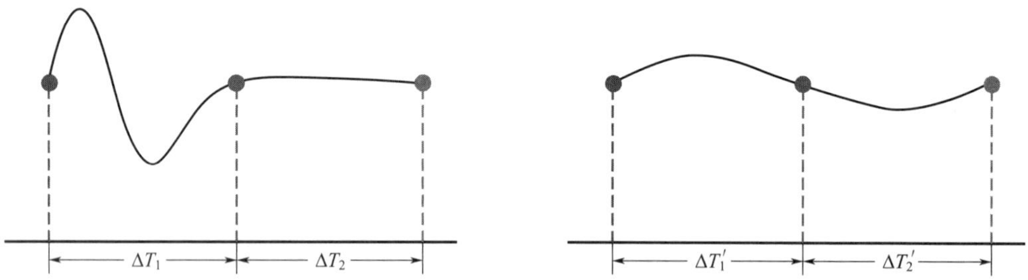

图 6-5　由于时间分配不同而产生不同质量的轨迹

（其中 $\Delta T_1+\Delta T_2=\Delta T_1'+\Delta T_2'$）

通过采用低维几何单元进行精确的非线性变换，采用 MINCO 轨迹类可以使得四旋翼无人机轨迹在安全飞行走廊（7.1.1 章节）中自由地形变，其空间控制点参数可以被一组无约束变量替代。值得注意的是，这些非线性变换在保证不会引入额外局部极小值的同时，既隐式地完成了轨迹优化中的梯度投影计算，又使得安全约束的高阶信息可以被有效地利用在轨迹时空形变的过程中。借助 MINCO 轨迹类，不仅可以通过微分平坦变换来保证机体动力学的微分约束的满足，也可以利用 MINCO 轨迹类的线性复杂度形变特性以及微分平坦变换的逆向微分，精确高效地计算出状态-输入约束函数关于轨迹时空参数的梯度，从而在轨迹优化中支持状态和控制输入层面的约束。

具体地，MINCO 轨迹类可以被参数化表示为如下形式：

$$\Omega_{\mathrm{MINCO}}=\{p(t):[0,T]\mapsto\mathbb{R}^m \mid \boldsymbol{c}=\Theta(\boldsymbol{q},\boldsymbol{T}),\boldsymbol{q}\in\mathbb{R}^{m(M-1)},\boldsymbol{T}\in\mathbb{R}^M_{>0}\} \tag{6-21}$$

式中，$p(t)$ 是一条 M 段、次数为 $2s-1$ 的 m 维轨迹；$\boldsymbol{c}$ 代表轨迹的系数；$\boldsymbol{q}$ 代表轨迹经过的路径点；$\boldsymbol{T}=[T_1,T_2,T_3,\cdots,T_M]^{\mathrm{T}}$ 代表时间向量。其中 T_k 代表第 k 段轨迹的时间，且有

$$\sum_{k=1}^{M}T_k=T \tag{6-22}$$

第 k 段轨迹可以表示为

$$p_k(t)=\boldsymbol{c}_k^{\mathrm{T}}\eta(t) \tag{6-23}$$

式中，$\eta(t)=[1,t,\cdots,t^{2s-1}]^{\mathrm{T}}$ 代表自然基。

由式(6-21) 的定义可知，MINCO 轨迹类可以通过 $\boldsymbol{q}$ 和 $\boldsymbol{T}$ 紧凑表示。同时，映射 $\Theta(\boldsymbol{q},\boldsymbol{T})$ 可以以线性复杂度通过 $\boldsymbol{q}$ 和 $\boldsymbol{T}$ 计算出轨迹的系数 $\boldsymbol{c}$[1]，这意味着在使用 MINCO

轨迹类时，成本函数可以表示为

$$L(\boldsymbol{q},\boldsymbol{T})=H(\boldsymbol{c},\boldsymbol{T})=H(\Theta(\boldsymbol{q},\boldsymbol{T}),\boldsymbol{T}) \tag{6-24}$$

那么，借助于映射 $\Theta(\boldsymbol{q},\boldsymbol{T})$，可以通过反向传播轨迹系数的梯度$\frac{\partial H}{\partial \boldsymbol{c}}$和轨迹时间向量的梯度$\frac{\partial H}{\partial \boldsymbol{T}}$得到$\frac{\partial L}{\partial \boldsymbol{q}}$和$\frac{\partial L}{\partial \boldsymbol{T}}$，从而唯一地优化出一条最优的轨迹：

$$\frac{\partial L}{\partial \boldsymbol{q}}=\frac{\partial H}{\partial \boldsymbol{c}}\frac{\partial \boldsymbol{c}}{\partial \boldsymbol{q}} \tag{6-25}$$

$$\frac{\partial L}{\partial \boldsymbol{T}}=\frac{\partial H}{\partial \boldsymbol{T}}+\frac{\partial H}{\partial \boldsymbol{c}}\frac{\partial \boldsymbol{c}}{\partial \boldsymbol{T}} \tag{6-26}$$

MINCO 轨迹类作为近年来新提出的轨迹类，由于其时空特性得到了广泛应用。为了解决四旋翼无人机的续航和噪声限制，文献［25］中提出了一个由机械解决方案和最佳规划器组成的框架，以实现四旋翼无人机在陡峭倾斜的树枝上的栖息。考虑到四旋翼无人机的有限续航能力，文献［26］中采用 MINCO 轨迹类使得其能悬停在移动平台，为提高各种空地协同任务效率的需求提供了一种具有前景的解决方案。在目标跟踪领域，MINCO 可以很好地体现其时间维度上的规划优势[27]。随着学界对四旋翼无人机自主运输问题的探索，文献［28］中采用 MINCO 轨迹类，提出了一种实时规划算法，克服了系统的时变特性和非线性动力学带来的难题，在保证四旋翼无人机自身安全性和动力学可行性的前提下，实现完全自主的空中运输。MINCO 轨迹类在四旋翼无人机多机导航和协同建图等任务中也能提高集群规划效率[29]。文献［30］中结合 MINCO 轨迹类研究了复杂未知环境下采用四旋翼无人机进行自主目标搜索的问题。在轨迹规划与深度学习的交叉领域，文献［31］中基于 MINCO 轨迹类提出了一种基于学习的轨迹规划框架，有效地解决了四旋翼无人机在未知动态环境中的自适应轨迹规划问题。

6.3　轨迹类对比

以上介绍的 5 种轨迹参数化方法的区别在于其参数化的形式及提供的功能不同。其中，多项式曲线以多项式系数和每一段多项式的时间长度参数化；贝塞尔曲线以贝塞尔控制点和每一段曲线的时间长度参数化；B 样条曲线以基函数控制点和每一个虚拟段的时间长度参数化；MINVO 曲线以 MINVO 基的控制点和每段曲线的时间长度参数化；MINCO 轨迹以每一段轨迹间的连接点位置与每段轨迹的时间长度参数化。

在轨迹的连续性方面，为了满足位置、速度、加速度等轨迹的高阶连续性，对于采用多项式曲线和贝塞尔曲线描述的轨迹需要借助等式约束；而针对 B 样条曲线、MINVO 曲线和 MINCO 轨迹，高阶连续性可以借助这三者的参数化形式默认满足。实现连续时间约束方面，多项式曲线和 MINCO 轨迹中的每一段可以通过采样约束点的方式近似实现，贝塞尔曲线和 B 样条曲线通常通过其控制点的凸包约束来实现凸的连续时间约束。但是采用凸包会引入一定的保守度。此外，相较于贝塞尔曲线，B 样条曲线的凸包保守度更大。相较之下，MINVO 曲线能够在一定程度上缓解贝塞尔曲线和 B 样条曲线的凸包保守度。时域优化方面，多项式曲线和贝塞尔曲线的时间域的调整和连续性约束是耦合的，B 样条曲线和 MINVO 曲线的时间调整耦合在轨迹点的正向计算过程中，MINCO 轨迹直接以真实时间向量作为参数[1]。

表 6-2　轨迹类优缺点对比

轨迹类	优点	缺点
多项式曲线	最一般化	维度高，数值不稳定
贝塞尔曲线	可以通过控制点控制；导数仍然是贝塞尔曲线	具有保守性；一个控制点的改变会引起整条轨迹的变化
B 样条曲线	除了具有贝塞尔曲线的优点外，控制点具有局部性	保守性相对于贝塞尔曲线更强
MINVO 曲线	在特定轨迹次数可以大幅降低保守性	计算量大，相较于 B 样条曲线需要额外计算线性变换
MINCO 轨迹	时域参数解耦；求解效率高；直接经过实体控制点	实现难度较高；调参过程复杂

参考文献

[1] Wang Z, Zhou X, Xu C, et al. Geometrically constrained trajectory optimization for multicopters [J]. IEEE Transactions on Robotics, 2022, 38 (5): 3259-3278.

[2] Mellinger D, Kumar V. Minimum snap trajectory generation and control for quadrotors [C]//2011 IEEE International Conference on Robotics and Automation. IEEE, 2011: 2520-2525.

[3] Oleynikova H, Burri M, Taylor Z, et al. Continuous-time trajectory optimization for online uav replanning [C]//2016 IEEE/RSJ International Conference on Intelligent Robots and Systems. IEEE, 2016: 5332-5339.

[4] Foehn P, Romero A, Scaramuzza D. Time-optimal planning for quadrotor waypoint flight [J]. Science robotics, 2021, 6 (56): eabh1221.

[5] Mueller M W, Hehn M, D'Andrea R. A computationally efficient motion primitive for quadrocopter trajectory generation [J]. IEEE transactions on Robotics, 2015, 31 (6): 1294-1310.

[6] Wang Q, Wang D, Xu C, et al. Polynomial-Based Online Planning for Autonomous Drone Racing in Dynamic Environments [C]//2023 IEEE/RSJ International Conference on Intelligent Robots and Systems. IEEE, 2023: 1078-1085.

[7] Oleynikova H, Lanegger C, Taylor Z, et al. An open-source system for vision-based micro-aerial vehicle mapping, planning, and flight in cluttered environments [J]. Journal of Field Robotics, 2020, 37 (4): 642-666.

[8] Yang L, Song D, Xiao J, et al. Generation of dynamically feasible and collision free trajectory by applying six-order Bezier curve and local optimal reshaping [C]//2015 IEEE/RSJ International Conference on Intelligent Robots and Systems. IEEE, 2015: 643-648.

[9] Han Z, Zhang R, Pan N, et al. Fast-tracker: A robust aerial system for tracking agile target in cluttered environments [C]//2021 IEEE International Conference on Robotics and Automation. IEEE, 2021: 328-334.

[10] Sun W, Tang G, Hauser K. Fast UAV trajectory optimization using bilevel optimization with analytical gradients [J]. IEEE Transactions on Robotics, 2021, 37 (6): 2010-2024.

[11] Yu Z, Qi N, Huo M, et al. Fast cooperative trajectory generation of unmanned aerial vehicles using a bezier curve-based shaping method [J]. IEEE Access, 2021, 10: 1626-1636.

[12] Celestini D, Primatesta S, Capello E. Trajectory planning for UAVs based on interfered fluid dynamical system and Bézier curves [J]. IEEE Robotics and Automation Letters, 2022, 7 (4): 9620-9626.

[13] Faigl J, Váňa P. Surveillance planning with Bézier curves [J]. IEEE Robotics and Automation Letters, 2018, 3 (2): 750-757.

[14] Zhou B, Gao F, Wang L, et al. Robust and efficient quadrotor trajectory generation for fast autonomous flight [J]. IEEE Robotics and Automation Letters, 2019, 4 (4): 3529-3536.

[15] Zhou X, Wang Z, Ye H, et al. Ego-planner: An esdf-free gradient-based local planner for quadrotors [J]. IEEE Robotics and Automation Letters, 2020, 6 (2): 478-485.

[16] Wang L, Guo Y. Speed adaptive robot trajectory generation based on derivative property of b-spline curve [J]. IEEE Robotics and Automation Letters, 2023, 8 (4): 1905-1911.

[17] Ding W, Gao W, Wang K, et al. An efficient b-spline-based kinodynamic replanning framework for quadrotors [J]. IEEE Transactions on Robotics, 2019, 35 (6): 1287-1306.

[18] Penin B, Spica R, Giordano P R, et al. Vision-based minimum-time trajectory generation for a quadrotor UAV [C]//2017 IEEE/RSJ International Conference on Intelligent Robots and Systems. IEEE, 2017: 6199-6206.

[19] Zhou B, Xu H, Shen S. Racer: Rapid collaborative exploration with a decentralized multi-uav system [J]. IEEE Transactions on Robotics, 2023, 39 (3): 1816-1835.

[20] Raja G, Philips N D, Ramasamy R K, et al. Intelligent drones trajectory generation for mapping weed infested regions over 6G networks [J]. IEEE Transactions on Intelligent Transportation Systems, 2022, 24 (7): 7506-7515.

[21] Tordesillas J, How J P. MINVO basis: Finding simplexes with minimum volume enclosing polynomial curves [J]. Computer-Aided Design, 2022, 151: 103341.

[22] Tordesillas Torres J. Trajectory Planning for Flights in Multiagent and Dynamic Environments [D]. Massachusetts Institute of Technology, 2022.

[23] Huo D, Dai L, Chai R, et al. Collision-free model predictive trajectory tracking control for UAVs in obstacle environment [J]. IEEE Transactions on Aerospace and Electronic Systems, 2022, 59 (3): 2920-2932.

[24] Tordesillas J, How J P. MADER: Trajectory planner in multiagent and dynamic environments [J]. IEEE Transactions on Robotics, 2021, 38 (1): 463-476.

[25] Zheng L, Hamaza S. ALBERO: Agile landing on branches for environmental robotics operations [J]. IEEE Robotics and Automation Letters, 2024.

[26] Gao Y, Ji J, Wang Q, et al. Adaptive tracking and perching for quadrotor in dynamic scenarios [J]. IEEE Transactions on Robotics, 2023.

[27] Ji J, Pan N, Xu C, et al. Elastic tracker: A spatio-temporal trajectory planner for flexible aerial tracking [C]//2022 International Conference on Robotics and Automation. IEEE, 2022: 47-53.

[28] Li H, Wang H, Feng C, et al. AutoTrans: A complete planning and control framework for autonomous UAV payload transportation [J]. IEEE Robotics and Automation Letters, 2023.

[29] Tao Y, Liu X, Spasojevic I, et al. 3D active metric-semantic SLAM [J]. IEEE Robotics and Automation Letters, 2024.

[30] Luo Y, Zhuang Z, Pan N, et al. Star-Searcher: A Complete and Efficient Aerial System for Autonomous Target Search in Complex Unknown Environments [J]. IEEE Robotics and Automation Letters, 2024.

[31] Wu Y, Sun X, Spasojevic I, et al. Deep Learning for Optimization of Trajectories for Quadrotors [J]. IEEE Robotics and Automation Letters, 2024.

第7章 四旋翼无人机后端轨迹优化约束构建

轨迹优化问题［式(6-1)］中的一个重要组成部分是其所考虑和设计的不等式约束 $G(\boldsymbol{\sigma}(t),\cdots,\boldsymbol{\sigma}^{(s)}(t),t)\prec\mathbf{0},\forall t\in[0,T]$。由于本书的重心在于通用化的四旋翼无人机后端轨迹优化算法，因此本章主要介绍轨迹优化中最常考虑，也是通常情况下四旋翼无人机在障碍环境中导航不可或缺的不等式约束的构造方式，即避障约束和驱动器限位约束。

7.1 基于可行空间构建的避障约束构建

避障约束是轨迹优化问题［式(6-1)］中不等式约束的一个重要组成部分。然而，直接采用包含大量离散数据的精细地图会降低四旋翼无人机轨迹优化的效率。此外，这些数据通常具有不光滑、不连续的特性，直接采用这类数据会为四旋翼无人机轨迹优化引入不稳定性。因此，为了避免四旋翼无人机直接在包含离散数据的地图上进行规划，如图 7-1 所示，现有的一种主流构建方法是采用凸多面体的并集对空间可行域进行构建，并将轨迹约束在构建的可行域内，从而将可行域的信息引入轨迹优化问题中。

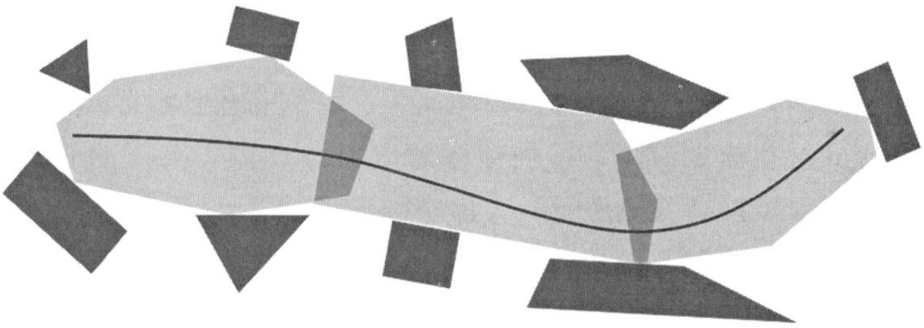

图 7-1　基于可行空间生成的轨迹优化

事实上，图 7-1 所示的可行空间是由多个多面体组成的，每个多面体 P 可以看成是多个有限超平面和半空间的交集：

$$P=\{x\mid \boldsymbol{a}_j^{\mathrm{T}}\boldsymbol{x}\leqslant \boldsymbol{b}_j,j=1,\cdots,m,\boldsymbol{c}_j^{\mathrm{T}}\boldsymbol{x}\leqslant \boldsymbol{d}_j,j=1,\cdots,p\}\tag{7-1}$$

因此，由上述介绍可知，可行空间生成算法的效率会影响整个轨迹优化过程的速度和实时性。如果可行空间生成算法效率低下，会导致整个轨迹优化过程非常耗时。尤其是在复杂的问题中，高效的可行空间生成算法可以大大提高轨迹优化的效率和实用性。另一方面，可行空间的生成质量，会直接影响四旋翼无人机飞行轨迹的优化结果。如果可行空间生成算法所生成的空间范围过于保守或不准确，可能会导致轨迹优化结果过于保守，以至于四旋翼无人机在一些狭小杂乱场景中展现出不理想的性能。相反，如果可行空间生成算法生成的空间范围过于宽松或不足以满足约束条件，可能会导致轨迹优化结果不稳定或不可行，增加四旋翼无人机的碰撞风险。下面我们将介绍两种常用的构建四旋翼无人机可行空间的方法：安全飞行走廊和维诺图。

7.1.1 安全飞行走廊

首先，我们介绍一类基于环境地图提供的有效可行空间信息构建出可行空间的算法，这种三维杂乱环境中的安全空间被形象地命名为安全飞行走廊[1]（safe flight corridor，SFC）。

最开始，针对三维空间，一种基于采样的算法[2]被用来以多个凸多面体对可行域环境进行近似。然而，受限于对整个空间进行采样处理而导致的大量凸包求解子问题，该算法无法被应用在实时的轨迹优化中。事实上，在前端路径搜索的基础上，后端轨迹优化可以仅在前端路径所处的局部空间中进行。针对三维体素地图，并行凸集群膨胀算法[3]（parallel convex cluster inflation，PCCI）以体素为种子进行增量膨胀，并迭代地检查已有集合和新体素之间是否遮挡，最终将体素集合的凸包近似可行区域。但该算法因为其较高的计算复杂度，即使采用并行计算资源加速，当处理分辨率较高的地图时，实时性仍然无法得到保障。

为了解决安全空间计算的实时性问题，一种经典的可行空间计算方法——基于半定规划的迭代区域膨胀算法[4]（iterative region inflation by semidefinite programming，IRIS）被提出。该算法通过寻找一个椭球体以及一组将其与障碍物分离的超平面来近似空间可行域。算法实现过程中，椭球被表示为单位球的像（image）：

$$\mathrm{E}(\boldsymbol{C},\boldsymbol{d})=\{x=\boldsymbol{C}\tilde{x}+\boldsymbol{d} \mid \|\tilde{\boldsymbol{x}}\|\leqslant 1\} \tag{7-2}$$

并通过线性约束 $\boldsymbol{P}=\{\boldsymbol{x} \mid \boldsymbol{A}\boldsymbol{x}\leqslant \boldsymbol{b}\}$ 表示分离超平面。选取该椭球表示形式的原因在于其使得椭球体体积的最大化变得简单直接，即椭球体的体积与 $\boldsymbol{C}$ 的行列式的对数成正比，这是 $\boldsymbol{C}$ 的一个凹函数，因此可以高效地进行最大化。

在寻找椭球区域以及将其与障碍物分离的超平面的过程中，IRIS 试图解决以下非凸优化问题：

$$\begin{aligned}
&\max_{A,b,C,d} && \log \det \boldsymbol{C} \\
&\text{s. t.} && \boldsymbol{a}_j^{\mathrm{T}}\boldsymbol{v}_k \geqslant \boldsymbol{b}_j, \quad \text{对于所有点 } \boldsymbol{v}_k \in O_j, \text{for } j=1,\cdots,N \\
& && \sup_{\|\tilde{x}\|\leqslant 1} \boldsymbol{a}_i^{\mathrm{T}}(\boldsymbol{C}\tilde{x}+\boldsymbol{d})\leqslant \boldsymbol{b}_i, \quad \forall i=[1,\cdots,N]
\end{aligned} \tag{7-3}$$

式中，$\boldsymbol{a}_j$ 代表 $\boldsymbol{A}$ 的每一行；$\boldsymbol{b}_j$ 代表 $\boldsymbol{b}$ 的每一个元素；O_j 代表第 j 个障碍物上的点的集合；N 代表环境中障碍物的数量。第一个约束使得第 j 个障碍物上的所有点在分离超平面的同一侧，第二个约束代表椭圆上的所有点在分离超平面的另一侧。对于每个障碍物来说，满足这两个约束意味着椭球完全与障碍物被分隔开。IRIS 并非直接求解这个问题，而是将其拆分成障碍物分离超平面求解和凸包内最大椭球体寻找两个子问题。

① 障碍物分离超平面求解：这一步试图找到可以将椭球体进一步扩展的分离超平面，同时确保椭球体内部永远不会与任何障碍物的内部相交。从概念上讲，寻找分离超平面的过程涉及找到既与障碍物边界相交，又与椭球体均匀扩展相切的平面。给定如式(7-2) 所示的椭球定义，椭球的均匀扩展被定义为

$$\mathrm{E}_\alpha \equiv \{\boldsymbol{C}\tilde{\boldsymbol{x}}+\boldsymbol{d} \mid \|\tilde{\boldsymbol{x}}\|\leqslant \alpha\}, \text{存在某个 } \alpha\geqslant 1 \tag{7-4}$$

为了找到障碍物 O_j 上与椭球的最近点，IRIS 通过将 α 作为优化变量并构建以下优化问题进行搜索：

$$\alpha^* = \underset{\alpha}{\operatorname{argmin}} \alpha \\ \text{s. t. } \mathrm{E}_\alpha \cap O_j = \varnothing \tag{7-5}$$

将 E_α 与 O_j 的相切点记做 x^*。随后，可以计算出与 E_α 相切于 x^* 的分离超平面。通过这个步骤，可以在每次迭代中找到每个障碍物和椭球的分离平面。

② 凸包内最大椭球体寻找：

凸包内最大椭球体的寻找可以被描述为以下优化问题：

$$\begin{aligned} \max_{A,b,C,d} \quad & \log \det \boldsymbol{C} \\ \text{s. t.} \quad & \sup_{\|\tilde{x}\| \leqslant 1} (\boldsymbol{a}_i^{\mathrm{T}} \boldsymbol{C} \tilde{\boldsymbol{x}}) + \boldsymbol{a}_i^{\mathrm{T}} \boldsymbol{d} \leqslant \boldsymbol{b}_i, \quad \forall i = [1, \cdots, N] \\ & \boldsymbol{C} \pm 0 \end{aligned} \tag{7-6}$$

其可以被重写为以下凸优化形式：

$$\begin{aligned} \max_{A,b,C,d} \quad & \log \det \boldsymbol{C} \\ \text{s. t.} \quad & \sup_{\|\tilde{x}\| \leqslant 1} (\boldsymbol{a}_i^{\mathrm{T}} \boldsymbol{C}) + \boldsymbol{a}_i^{\mathrm{T}} \leqslant \boldsymbol{b}_i, \quad \forall i = [1, \cdots, N] \\ & \boldsymbol{C} \pm 0 \end{aligned} \tag{7-7}$$

算法 7.1　IRIS 算法

初始化　给定初始点 $\boldsymbol{q}_0$，障碍物集合 O 和精度 t。

$\boldsymbol{C}_0 = \varepsilon \boldsymbol{I}_{n \times n}$，$\boldsymbol{d}_0 = \boldsymbol{q}_0$，$i = 0$

开始循环

步骤 1. 基于优化问题［式(7-5)］求解障碍物分离超平面。

步骤 2. 基于优化问题［式(7-7)］求解凸包最大内接椭球体。

步骤 3. $i = i + 1$。

步骤 4. 如果前后两次椭球体的体积比大于 $1+t$ 则返回步骤 1，反之跳出循环，返回凸多面体。

结束循环

最终，如图 7-2 和算法 7.1 所示，IRIS 按以下步骤执行：

① 将初始猜测定义为空间中的一个点，并将其选作种子点。

② 以选定点为中心构建一个初始的椭球体。通过遍历环境中的障碍物，针对每个障碍物，生成一个与障碍物相切并将障碍物与椭球体分离的超平面。这些超平面定义了一组线性约束，其交集是一个多面体。

③ 在这个多面体中，可以找到一个最大的椭球体，并接着使用这个椭球体来求解一组新的分离超平面，从而得到一个新的多面体。

IRIS 算法以第②步与第③步为循环，总是在下一次迭代中将多面体中的最大椭球体作为输入并进行膨胀，并获得一个新的多面体。通过选择生成分离超平面的方法，IRIS 可以使得椭球体的体积在迭代过程中永远不会减少。

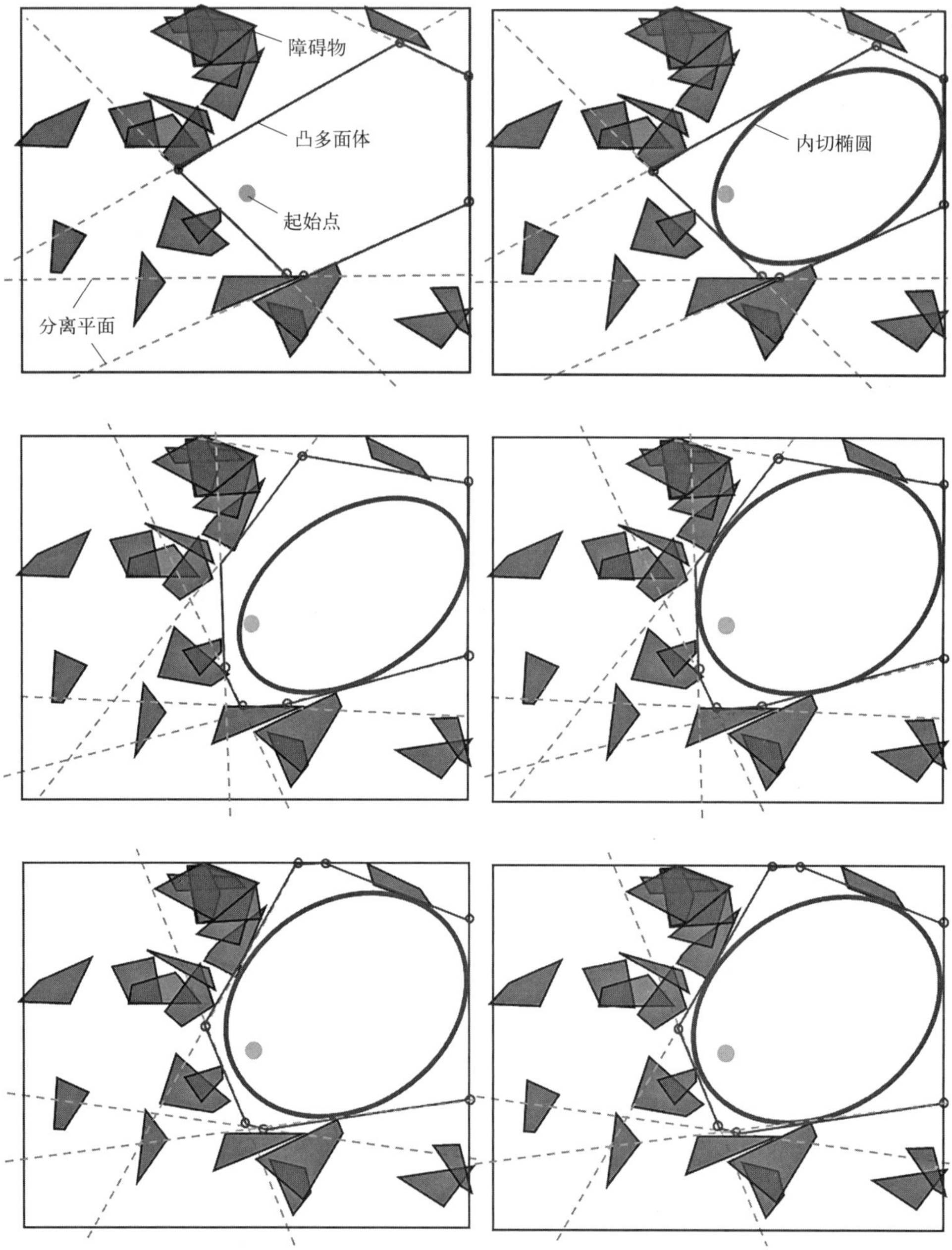

图 7-2　IRIS 算法过程示意图

（其中每行代表一次完整的迭代过程：左边计算分离超平面，并获得由这些分离超平面所构成的凸多面体；右边膨胀椭球体从而获得凸包的最大内接椭球体）

然而，在每次迭代中，IRIS 需要分别对每个障碍物进行一次二次规划求解，并基于所生成的凸包进行一次半正定规划求解，因此其应用于多障碍物的复杂场景时仍然存在着效率问题。此外，该方法不能保证凸多面体一定包含最初的种子点，因此在局域可控性方面仍然有待提升。

为了解决上述采用 IRIS 进行空间可行区域计算所存在的问题，一种以线段而非椭球为种子的基于线搜索的区域膨胀算法[5]（regional inflation by line search，RILS）被提出。该算法以空间内一条无碰撞且分段的路径作为输入，这条路径可以通过第 5 章介绍的前端路径规划算法获得。通过在路径上获得两个直接相连的点，并将其所连成的线作为直径，可以生成一个空间三维球体。随后，不断缩小该球体使得其成为一个不含任意障碍物的椭球。接着，通过等比例膨胀椭球，直至其与任意一个障碍物存在交集时，在该点上作椭球的切面，并将切面外侧的地图点云全部去除（椭球所在的那一侧记作内侧）。通过不断重复上述过程，当空间中所有地图点云被去除时，所有的切面便组成了最后构建出的空间可行域。图 7-3 可视化了该算法的流程。

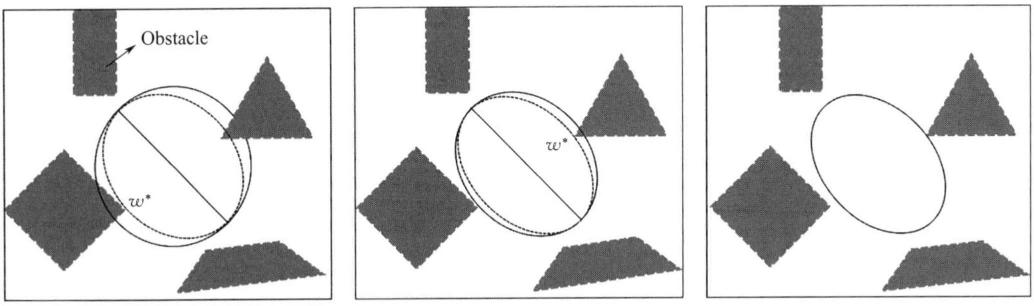

(a) 找到离球最近的障碍物上的点 w^*，调整椭球的短轴使得虚线椭球与该点相交　(b) 重复步骤(a)，找到新的最近点 w^* 和新的虚线椭球　(c) 直到椭球中不包含任意一个障碍物

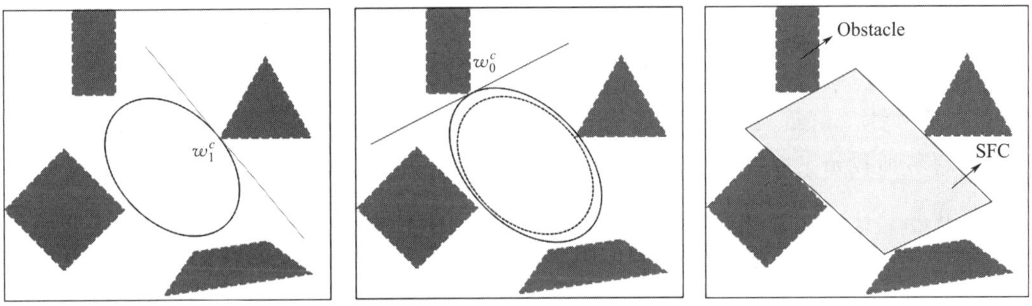

(d) 膨胀椭球，找到第一个相切点 w_1^c 和超平面，并将平面外侧的障碍物点云删除　(e) 重复步骤(d)，找到新的相切点 w_1^c 和超平面　(f) 直到地图中不再含有障碍物点云，将所获得的所有超平面和其构成的半平面的交集作为算法获得的凸包

图 7-3　RILS 算法过程示意图

基于 RILS，可以获得一种快速构建安全飞行走廊的方式，整个算法的伪代码如算法 7.2 所示，具体流程如下：

① 使用前端路径规划算法得到一条从起点到终点的无碰撞路径 P；

② 从该路径 P 的第一个点 w_s 开始，沿着 P 不断遍历找到最远的但不超过事先定义的最大距离的无遮挡点 w_f（无遮挡点的定义是由 w_s 和 w_f 连成的直线不碰及任何一个障碍物）；

③ 基于 RILS，以 w_s 和 w_f 连成的线段为输入生成凸包 P_i；

④ 将上述线段的中间点作为新的 w_s，回到第②步重复该过程，直到终点被凸包所涵盖。

算法 7.2 基于 RILS 的安全飞行走廊生成算法

初始化 最大距离为 Dis，Corridor 集合为空，将起点设置为 w_s

寻找从起点到终点的路径 Path；

开始循环

步骤 1. 基于 Path、Dis 和 w_s 寻找 w_f。

步骤 2. 基于 w_s 和 w_f 生成凸包 P_i，并将其存入 Corridor。

步骤 3. 如果终点在 Corridor 中，返回 Corridor，跳出循环，算法结束。

步骤 4. 基于 w_s 和 w_f 计算中间点并将其设为 w_s，并且返回步骤 1。

结束循环

另一类可行空间提取算法采用了翻转的思想，将临近可行域近似转化为凸包计算问题。文献［6］中提出的算法以种子点为中心，通过对障碍物的点集进行球极映射，从而将种子点周围的可行区域翻转到外部。之后计算翻转后障碍物点集的凸包，并计算凸包的外部区域，将其所对应的翻转前的区域作为近似的可行域。值得注意的是由于球极映射的强非线性，该算法会导致空间翻转过程中的体积损失，进而造成保守的结果并影响轨迹优化的质量。相较之下，另一种采用球面映射的算法[7]（Galaxy）能较好地解决该问题，但需要对分布在球面附近的点集进行较高复杂度的凸包计算，这会影响算法的实时性。

上述的可行域提取算法在效率、保守性和可控性三方面都无法进行很好的权衡，从而降低了实用性。最近提出的快速迭代区域膨胀算法[8]（fast iterative region inflation，FIRI）很好地权衡了这三方面的要求。与 IRIS 的整体思想类似，FIRI 也将整个问题分为受约束膨胀（restrictive inflation）和计算最大内接椭球体（maximum volume inscribed ellipsoid，MVIE）两个子问题。相较于 IRIS 不同的是，FIRI 基于这两个子问题的特性，设计了两个具有低维几何结构的优化算法，提高了子问题的求解效率，从而实现高质量可行域的快速求解。

如图 7-4 和算法 7.3 所示，FIRI 以四旋翼无人机的外形凸包 Q、障碍物 O_i、初始椭球 ε_0 和精度参数 η 为输入，具体步骤如下：

① 将四旋翼无人机的外形凸包 Q、障碍物 O_i 按照椭球所定义的仿射变换的逆变换映射到单位球空间；

② 针对每个障碍物计算所容许的最大膨胀比例和超平面；

③ 迭代地选取最紧的半空间将其加入新的凸多面体，并将半空间外侧的障碍物标记为已处理；

④ 计算凸多面体并在原空间还原；

⑤ 计算凸多面体的最大内接椭球体；

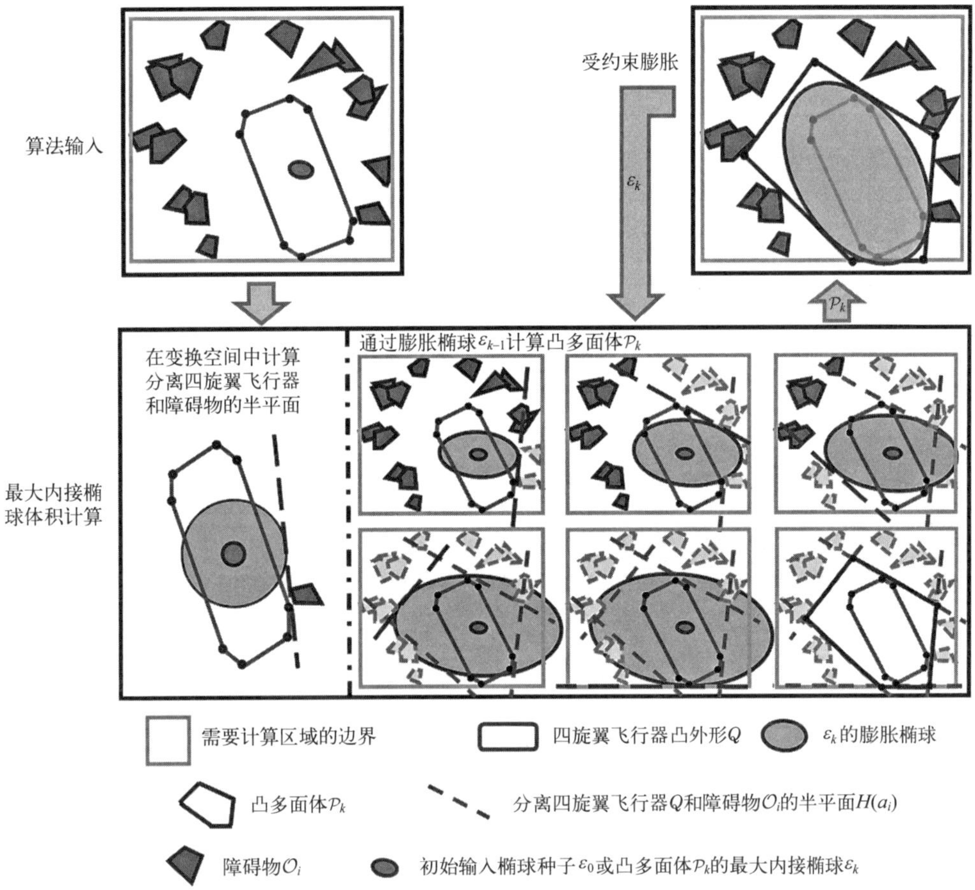

图 7-4　FIRI 算法过程示意图

（由受约束膨胀和最大内接椭球体计算两个子问题构成）

⑥ 计算前后两次椭球体的体积比，如果大于 $1+\eta$ 则返回步骤①，反之输出凸多面体。

算法 7.3　FIRI 算法

初始化　四旋翼无人机凸包 Q，障碍物集合 O，初始椭球 ε_0。

开始循环

步骤 1. 仿射逆变换至单位球空间。

步骤 2. 对 O 中的每个障碍物计算最大膨胀比例和超平面。

步骤 3. 选取最紧的半空间将其加入新的凸多面体。

步骤 4. 在原空间中还原凸多面体。

步骤 5. 计算最大内接椭球体并判断椭球体的体积比，大于 $1+\eta$ 则返回步骤 1，反之跳出循环，返回凸多面体。

结束循环

表 7-1 对比了对于具有高分辨率的地图，一些代表性的采用凸包集合来拟合可行空间

的算法的对比结果，可以看到 FIRI 能够采用更多种类的种子类型进行区域生成，并能适应不同的障碍物建模方式。

表 7-1　代表性的采用凸包集合拟合可行空间的算法对比

算法	效率	可用初始种子类型	障碍物表示类型要求
PCCI	离线	体素	体素
IRIS	在线	点	点和凸多面体
RILS	在线	点和线	点
Galaxy	在线	点	点
FIRI	在线	点、线和凸多面体	点和凸多面体

7.1.2　维诺图

另一种计算空间可行域的算法是维诺图（voronoi cell，VC）类算法。二维空间下，如图 7-5 所示，VC 是由一组由连接两邻点直线的垂直平分线组成的连续多边形组成的[9]。VC 具备以下三点性质：

① VC 把平面划分成 n 个凸包域，每个凸包域内只有一个生成元；

② 每个凸包域内的点到该生成元的距离短于到其他凸包域的生成元的距离；

③ 多边形边界上的点到生成此边界的两个生成元的距离相等。

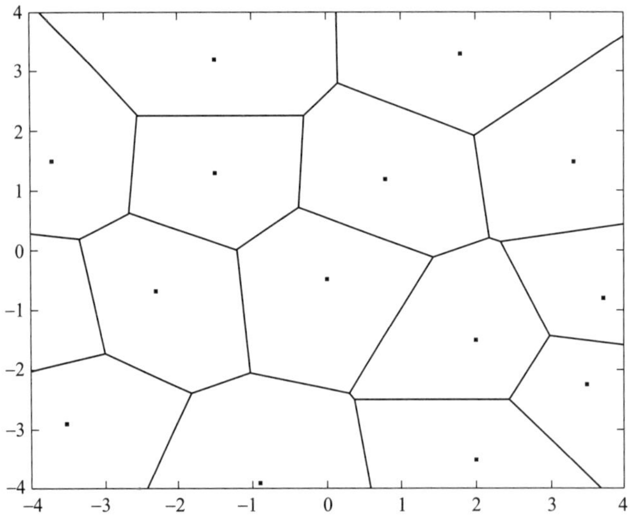

图 7-5　VC 生成示意图

将 VC 的定义扩展到三维空间，那么 VC 可以视为由一组由连接两邻点直线的垂直平分面组成的多面体。三维空间中的 VC 依然具有二维 VC 的性质，该性质使得其能够与四旋翼无人机轨迹规划相结合，一个常见的应用场合是多四旋翼无人机在同一个空间运动。将每架四旋翼无人机的位置作为 VC 的输入，可以提取仅包含当前四旋翼无人机的可行空间域。给定一组 d 维环境下的 k 个四旋翼无人机所处的位置点 $\{\boldsymbol{p}_1, \boldsymbol{p}_2, \cdots, \boldsymbol{p}_k\}$，每个四

旋翼无人机所处位置点 $\boldsymbol{p}_i$ 的 VC 可以被表示为

$$V_i=\{\boldsymbol{p}\in\mathbb{R}^d \mid \|\boldsymbol{p}-\boldsymbol{p}_i\|\leqslant\|\boldsymbol{p}-\boldsymbol{p}_j\|, \forall j\neq i\} \tag{7-8}$$

其也可以被写为

$$V_i=\left\{\boldsymbol{p}\in\mathbb{R}^d \mid \left(\boldsymbol{p}-\frac{\boldsymbol{p}_i+\boldsymbol{p}_j}{2}\right)^{\mathrm{T}}\boldsymbol{p}_{ij}\leqslant 0, \forall j\neq i\right\} \tag{7-9}$$

和

$$V_i=\left\{\boldsymbol{p}\in\mathbb{R}^d \mid \boldsymbol{p}_{ij}^{\mathrm{T}}\boldsymbol{p}\leqslant\boldsymbol{p}_{ij}^{\mathrm{T}}\frac{\boldsymbol{p}_i+\boldsymbol{p}_j}{2}, \forall j\neq i\right\} \tag{7-10}$$

式中，$\boldsymbol{p}_{ij}=\boldsymbol{p}_j-\boldsymbol{p}_i$。

当四旋翼无人机被建模成圆球时，需要考虑半径对碰撞带来的影响。这种情况下，四旋翼无人机 VC 的边界需要后退一个大于等于其被建模成的圆球的半径的安全半径，此时，VC 被称为缓冲维诺图[10]（buffered voronoi cell，BVC）。

同样地，给定一组 d 维环境下的 k 个四旋翼无人机所处的位置点 $\{\boldsymbol{p}_1,\boldsymbol{p}_2,\cdots,\boldsymbol{p}_k\}$，每个四旋翼无人机所处位置点 $\boldsymbol{p}_i$ 的 BVC 可以被表示为

$$\mathrm{BV}_i=\left\{\boldsymbol{p}\in\mathbb{R}^d \mid \left(\boldsymbol{p}-\frac{\boldsymbol{p}_i+\boldsymbol{p}_j}{2}\right)^{\mathrm{T}}\boldsymbol{p}_{ij}+r_s\|\boldsymbol{p}_{ij}\|\leqslant 0, \forall j\neq i\right\} \tag{7-11}$$

和

$$\mathrm{BV}_i=\left\{\boldsymbol{p}\in\mathbb{R}^d \mid \boldsymbol{p}_{ij}^{\mathrm{T}}\boldsymbol{p}\leqslant\boldsymbol{p}_{ij}^{\mathrm{T}}\frac{\boldsymbol{p}_i+\boldsymbol{p}_j}{2}-r_s\|\boldsymbol{p}_{ij}\|, \forall j\neq i\right\} \tag{7-12}$$

式中，r_s 代表四旋翼无人机被建模成的圆球的半径。图 7-6 分别可视化了二维环境和三维环境下的 BVC。

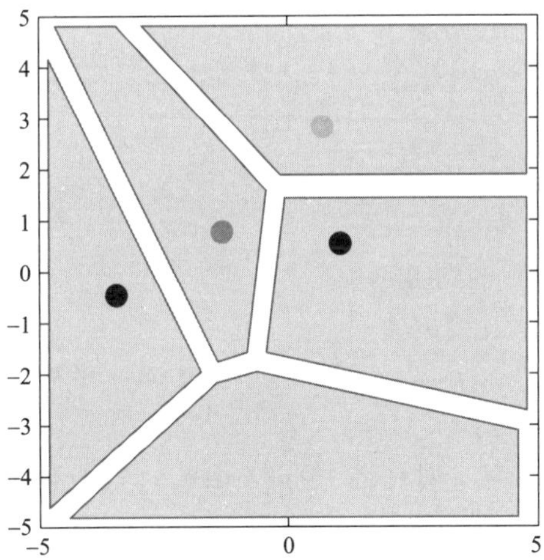

(a) 二维环境

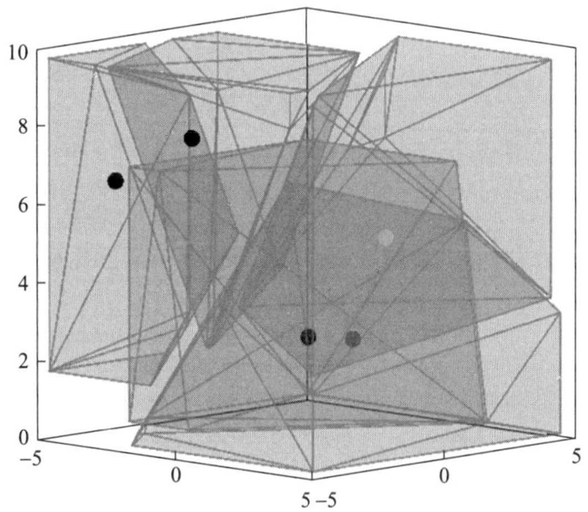

(b) 三维环境

图 7-6　BVC 生成示意图

对于环境中的 k 架四旋翼无人机，采用 BVC 近似可行空间实现导航时，BVC 具有以下四条性质：

性质 1：四旋翼无人机 i 的 BVC(BV_i)永远不是空集。

性质 2：四旋翼无人机 i 的 BVC(BV_i)是其 VC(V_i)的子集。

性质 3：当每架四旋翼无人机处于其 BVC 中，即 $\boldsymbol{p}_i \in \mathrm{BV}_i$ 和 $\boldsymbol{p}_j \in \mathrm{BV}_j$ 时，$\|\boldsymbol{p}_i - \boldsymbol{p}_j\| \geqslant 2r_s$。

性质 4：对于任意两架四旋翼无人机，其 BVC 的交集为空集。

针对性质 1，如果四旋翼无人机集群处于无碰撞状态，即$\|\boldsymbol{p}_i - \boldsymbol{p}_j\| \geqslant 2r_s$，我们可以将 $\boldsymbol{p}_i$ 代入式(7-11)，得到下式：

$$
\begin{aligned}
\left(\boldsymbol{p}_i - \frac{\boldsymbol{p}_i + \boldsymbol{p}_j}{2}\right)^{\mathrm{T}} \boldsymbol{p}_{ij} + r_s \|\boldsymbol{p}_{ij}\| &= \frac{1}{2}\boldsymbol{p}_{ji}^{\mathrm{T}} \boldsymbol{p}_{ij} + r_s \|\boldsymbol{p}_{ij}\| \\
&= -\frac{1}{2}\|\boldsymbol{p}_{ij}\|^2 + r_s \|\boldsymbol{p}_{ij}\| \\
&\leqslant -\frac{1}{2}(2r_s)\|\boldsymbol{p}_{ij}\| + r_s \|\boldsymbol{p}_{ij}\| \\
&= 0
\end{aligned}
\tag{7-13}
$$

根据 BVC 的定义，可知 $\boldsymbol{p}_i \in \mathrm{BV}_i$，因此 BV_i 不为空集，因为 BV_i 中至少有 $\boldsymbol{p}_i$ 这个元素。

针对性质 2，对于 $\forall\, \boldsymbol{p}_i \in \mathrm{BV}_i$，根据式(7-11)，可以得到下式：

$$
\left(\boldsymbol{p}_i - \frac{\boldsymbol{p}_i + \boldsymbol{p}_j}{2}\right)^{\mathrm{T}} \boldsymbol{p}_{ij} \leqslant -r_s \|\boldsymbol{p}_{ij}\| \leqslant 0 \tag{7-14}
$$

可见同样满足式(7-9)，因此 $\boldsymbol{p}_i \in \mathrm{V}_i$，所以四旋翼无人机 i 的 BVC(BV_i) 是其 VC(V_i)的子集。

针对性质 3，当 $\forall\, \boldsymbol{p}'_i \in \mathrm{BV}_i$ 和 $\forall\, \boldsymbol{p}'_j \in \mathrm{BV}_j$ 时，有以下两式：

$$
\left(\boldsymbol{p}'_i - \frac{\boldsymbol{p}_i + \boldsymbol{p}_j}{2}\right)^{\mathrm{T}} \boldsymbol{p}_{ij} + r_s \|\boldsymbol{p}_{ij}\| \leqslant 0 \tag{7-15}
$$

$$
\left(\boldsymbol{p}'_j - \frac{\boldsymbol{p}_i + \boldsymbol{p}_j}{2}\right)^{\mathrm{T}} \boldsymbol{p}_{ij} + r_s \|\boldsymbol{p}_{ij}\| \leqslant 0 \tag{7-16}
$$

由于 $\boldsymbol{p}_{ij} = -\boldsymbol{p}_{ji}$，$\|\boldsymbol{p}_{ij}\| = \|\boldsymbol{p}_{ji}\|$，由式(7-15) 和式(7-16) 可以推导出：

$$
(\boldsymbol{p}'_i - \boldsymbol{p}'_j)^{\mathrm{T}} \boldsymbol{p}_{ij} \leqslant -2r_s \|\boldsymbol{p}_{ij}\| \tag{7-17}
$$

随后利用不等式$\|\boldsymbol{a}\|\|\boldsymbol{b}\| \geqslant \|\boldsymbol{a}^{\mathrm{T}}\boldsymbol{b}\|$，可以基于式(7-17) 推导出：

$$
\|\boldsymbol{p}'_i - \boldsymbol{p}'_j\| \geqslant \frac{\|(\boldsymbol{p}'_i - \boldsymbol{p}'_j)^{\mathrm{T}} \boldsymbol{p}_{ij}\|}{\|\boldsymbol{p}_{ij}\|} \geqslant \frac{2r_s \|\boldsymbol{p}_{ij}\|}{\|\boldsymbol{p}_{ij}\|} = 2r_s \tag{7-18}
$$

由于四旋翼无人机处在其 BVC 中，因此$\|\boldsymbol{p}_i - \boldsymbol{p}_j\| \geqslant 2r_s$。

针对性质 4，考虑任意的 BV_i 和 BV_j，其中 $j \neq i$。对任意的 $\boldsymbol{p}'_i \in \mathrm{BV}_i$，通过证明 $\boldsymbol{p}'_i \notin \mathrm{BV}_j$，$\forall\, j \neq i$ 来证明该性质。基于式(7-15) 可以得到：

$$
\left(\boldsymbol{p}'_i - \frac{\boldsymbol{p}_i + \boldsymbol{p}_j}{2}\right)^{\mathrm{T}} \boldsymbol{p}_{ij} \leqslant -r_s \|\boldsymbol{p}_{ij}\| \tag{7-19}
$$

且将 $\boldsymbol{p}'_i$ 代入式(7-11) 可得：

$$
\begin{aligned}
\left(\boldsymbol{p}'_i - \frac{\boldsymbol{p}_j + \boldsymbol{p}_i}{2}\right)^{\mathrm{T}} \boldsymbol{p}_{ji} + r_s \|\boldsymbol{p}_{ji}\| &\geqslant r_s \|\boldsymbol{p}_{ij}\| + r_s \|\boldsymbol{p}_{ij}\| \\
&= 2r_s \|\boldsymbol{p}_{ij}\|
\end{aligned}
\tag{7-20}
$$

这与 BV_j 的定义相违背。同时对于任意的 $\boldsymbol{p}_j' \in \mathrm{BV}_j$，也有 $\boldsymbol{p}_j' \notin \mathrm{BV}_i$。因此，对于任意两架四旋翼无人机，其 BVC 的交集为空集。

在存在障碍物的环境中，一种可能的方法是将障碍物视为环境中的静态四旋翼无人机。然而，标准的 VC 可能会与四旋翼无人机附近的障碍物相交。采用 BVC 可以创建一个保守的安全区域界限，但其不能保证与较大障碍物避免碰撞。虽然可以在四旋翼无人机的控制器设计时考虑碰撞避免，但更理想的情况是能拥有一个统一的控制法则。因此，在 VC 和 BVC 的基础上，障碍物避碰维诺图[11]（obstacle-aware voronoi cell，OAVC）被提出。

OAVC 可以区分环境中的障碍物和其他四旋翼无人机。当四旋翼无人机计算其与另一个四旋翼无人机之间的 Voronoi 边界时，它使用标准划分来计算边界。对于障碍物，四旋翼无人机会动态分配权重，使得它们修改后的边界与障碍物边界相切，但永远不会与障碍物相交。

具体地，考虑一个包含 J 个半径分别为 R_j、圆心位置为 $\boldsymbol{z}_j$ 的障碍物集合 Z。对于每个障碍物，其在环境 Q 中所占用的空间为

$$Z_j = \{\boldsymbol{q} \in Q \mid \|\boldsymbol{q} - \boldsymbol{z}_j\| \leqslant R_j\} \tag{7-21}$$

那么，对于四旋翼无人机 i，其 OABVC 的定义表示如下：

$$\mathrm{OABV}_i = \left\{\begin{matrix} \boldsymbol{q} \in Q \mid \|\boldsymbol{p}_i - \boldsymbol{q}\| \leqslant \|\boldsymbol{z}_j - \boldsymbol{q}\| - \omega_{ij}, j \in Z \\ \text{and} \|\boldsymbol{p}_i - \boldsymbol{q}\| \leqslant \|\boldsymbol{p}_k - \boldsymbol{q}\|, k \neq i \end{matrix}\right\} \tag{7-22}$$

式中，ω_{ij} 是一个动态权重，用以保证 OABVC 的边界线放置在与障碍物边界相切的位置，其被定义为

$$\omega_{ij} = 2R_j \|\boldsymbol{p}_i - \boldsymbol{z}_j\| - \|\boldsymbol{p}_i - \boldsymbol{z}_j\|^2 \tag{7-23}$$

动态权重是为了在静态障碍物周围为四旋翼无人机创建尽可能大的凸多面体。通过保持在空间中提取的凸多面体，四旋翼无人机可以利用合理设计的控制器，保证其不会与其他智能体或障碍物发生碰撞。

与 BVC 类似，考虑到四旋翼无人机的半径，通常会在 OAVC 的计算结果的基础上回退一个大于等于其被建模成的圆球的半径的安全半径，OAVC 便演变成了缓冲障碍物避碰维诺图[12]（obstacle-aware BVC，OABVC）。图 7-7 展示了二维环境下采用 OABVC 提取空间中凸多边形的结果。

事实上，从分离平面的角度分析维诺图类提取空间可行域的方法不难看出，上述维诺图都可以被看成分离平面的交集，其本质与 SFC 相似。但与 SFC 不同的是，维诺图类方法在计算分离平面的基础上，会回退一个缓冲项来保证四旋翼无人机之间的相互避碰。

利用上述特性，VC 被扩展以实现考虑被建模为高斯分布的四旋翼无人机状态估计噪声下的空间可行域提取任务，即带有缓冲的不确定性感知维诺图[13]（buffered uncertainty aware voronoi cell，B-UAVC）。

B-UAVC 中将可行空间的计算拆分成两组分离平面计算子问题和一组回退缓冲项计算子问题。第一组分离平面计算子问题是四旋翼无人机之间相互避碰分离平面 $\boldsymbol{\alpha}_{ij}^{\mathrm{T}} \boldsymbol{p} = \boldsymbol{\beta}_{ij}$ 的计算。给定两架位置服从高斯分布的四旋翼无人机 i 和 j，$\boldsymbol{p}_i$ ∶ N（$\hat{\boldsymbol{p}}_i$，$\boldsymbol{\Sigma}_i$），$\boldsymbol{p}_j$ ∶ N

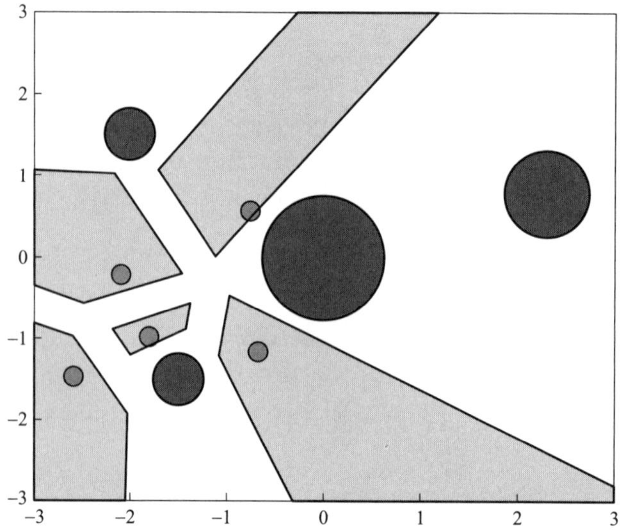

图 7-7　OABVC 生成示意图

（深色的大圆圈代表障碍物，浅色的小圆圈表示带有半径的四旋翼无人机，阴影部分围成的凸多边形为 OABVC 的输出结果）

$(\hat{\boldsymbol{p}}_j, \boldsymbol{\Sigma}_j)$，相互避碰平面能够将两者分类到平面的两侧，即分离后两者分别满足以下两式：

$$\boldsymbol{\alpha}_{ij}^{\mathrm{T}}\boldsymbol{p} \leqslant \boldsymbol{\beta}_{ij} \tag{7-24}$$

$$\boldsymbol{\alpha}_{ij}^{\mathrm{T}}\boldsymbol{p} > \boldsymbol{\beta}_{ij} \tag{7-25}$$

式中，$\boldsymbol{\alpha}_{ij}$ 和 $\boldsymbol{\beta}_{ij}$ 是分离平面的参数。

相互避碰分离平面的参数 $\boldsymbol{\alpha}_{ij}$ 和 $\boldsymbol{\beta}_{ij}$ 可以通过最小化平面最大误分概率实现。四旋翼无人机 i 被误分的概率可写为

$$\begin{aligned} prob_i(\boldsymbol{\alpha}_{ij}^{\mathrm{T}}\boldsymbol{p} > \boldsymbol{\beta}_{ij}) &= prob_i\left(\frac{\boldsymbol{\alpha}_{ij}^{\mathrm{T}}\boldsymbol{p} - \boldsymbol{\alpha}_{ij}^{\mathrm{T}}\hat{\boldsymbol{p}}_i}{\sqrt{\boldsymbol{\alpha}_{ij}^{\mathrm{T}}\boldsymbol{\Sigma}_i\boldsymbol{\alpha}_{ij}}} > \frac{\boldsymbol{\beta}_{ij} - \boldsymbol{\alpha}_{ij}^{\mathrm{T}}\hat{\boldsymbol{p}}_i}{\sqrt{\boldsymbol{\alpha}_{ij}^{\mathrm{T}}\boldsymbol{\Sigma}_i\boldsymbol{\alpha}_{ij}}}\right) \\ &= 1 - \Phi\left(\frac{\boldsymbol{\beta}_{ij} - \boldsymbol{\alpha}_{ij}^{\mathrm{T}}\hat{\boldsymbol{p}}_i}{\sqrt{\boldsymbol{\alpha}_{ij}^{\mathrm{T}}\boldsymbol{\Sigma}_i\boldsymbol{\alpha}_{ij}}}\right) \end{aligned} \tag{7-26}$$

式中，$prob_i(\cdot)$ 代表概率；$\Phi(\cdot)$ 代表累积分布函数（cumulative distribution function，CDF）。同理，四旋翼无人机 i 被误分的概率可写为

$$\begin{aligned} prob_j(\boldsymbol{\alpha}_{ij}^{\mathrm{T}}\boldsymbol{p} \leqslant \boldsymbol{\beta}_{ij}) &= prob_j\left(\frac{\boldsymbol{\alpha}_{ij}^{\mathrm{T}}\boldsymbol{p} - \boldsymbol{\alpha}_{ij}^{\mathrm{T}}\hat{\boldsymbol{p}}_j}{\sqrt{\boldsymbol{\alpha}_{ij}^{\mathrm{T}}\boldsymbol{\Sigma}_j\boldsymbol{\alpha}_{ij}}} \leqslant \frac{\boldsymbol{\beta}_{ij} - \boldsymbol{\alpha}_{ij}^{\mathrm{T}}\hat{\boldsymbol{p}}_j}{\sqrt{\boldsymbol{\alpha}_{ij}^{\mathrm{T}}\boldsymbol{\Sigma}_j\boldsymbol{\alpha}_{ij}}}\right) \\ &= 1 - \Phi\left(\frac{\boldsymbol{\alpha}_{ij}^{\mathrm{T}}\hat{\boldsymbol{p}}_j - \boldsymbol{\beta}_{ij}}{\sqrt{\boldsymbol{\alpha}_{ij}^{\mathrm{T}}\boldsymbol{\Sigma}_j\boldsymbol{\alpha}_{ij}}}\right) \end{aligned} \tag{7-27}$$

最终，相互避碰分离平面的参数 $\boldsymbol{\alpha}_{ij}$ 和 $\boldsymbol{\beta}_{ij}$ 可以通过以下优化问题，并采用快速 min-max 过程求解：

$$\min_{\boldsymbol{\alpha}_{ij}, \boldsymbol{\beta}_{ij}} \max(prob_i, prob_j) \tag{7-28}$$

另一组分离平面计算子问题是四旋翼无人机与障碍物之间的避碰分离平面。考虑四旋翼无人机 i 和环境中的凸多边形障碍物 o，由于凸多边形障碍物可以被一组顶点（$\boldsymbol{\varphi}_1$，$\boldsymbol{\varphi}_2,\cdots,\boldsymbol{\varphi}_{mo}$）表示，那么可以通过寻找最大边际分离平面来计算四旋翼无人机 i 与障碍物 o 之间的避碰分离平面：

$$\begin{aligned} \min \quad & \boldsymbol{\alpha}_{io}^{\mathrm{T}}\boldsymbol{\alpha}_{io} \\ \text{s. t.} \quad & \boldsymbol{\alpha}_{io}^{\mathrm{T}}\boldsymbol{\varphi}_k-\boldsymbol{\beta}_{io}\geqslant 1, \quad \forall k\in 1,\cdots,mo \\ & \boldsymbol{\alpha}_{io}^{\mathrm{T}}\hat{p}_i-\boldsymbol{\beta}_{io}\leqslant 1, \end{aligned} \tag{7-29}$$

式中，$\boldsymbol{\alpha}_{io}$ 和 $\boldsymbol{\beta}_{io}$ 是最大边际分离平面的参数。在此基础上，将求得的最大边际分离平面沿着其法向量平移直至刚好与障碍物相碰，就能得到四旋翼无人机与障碍物之间的避碰分离平面。

最后是回退缓冲项的计算。四旋翼无人机 i 的 B-UAVC 的缓冲项由两部分组成，其中一部分和 BVC 一样是半径缓冲项：

$$b_i^r=r_s\|\boldsymbol{\alpha}_i\|, \tag{7-30}$$

式中，r_s 代表四旋翼无人机被建模成的圆球的半径；$\boldsymbol{\alpha}_i$ 代表当前所需要回退的分离平面的法向量。另一部分是其特有的不确定缓冲项，用来保证四旋翼无人机状态估计受到噪声干扰时的安全：

$$b_i^u=\sqrt{2\boldsymbol{a}_i^{\mathrm{T}}\boldsymbol{\Sigma}_i\boldsymbol{a}_i}\cdot erf^{-1}(2\sqrt{1-\delta}-1), \tag{7-31}$$

式中，$erf^{-1}(\cdot)$ 代表高斯误差函数（Gauss error function）；δ 代表发生碰撞的概率。借助于 B-UAVC，四旋翼无人机能够以如下概率实现相互避碰和障碍物避碰：

$$prob(ds(\boldsymbol{p}_i,\boldsymbol{p}_j)\geqslant 2R_s)\geqslant 1-\delta,\forall j\neq i \tag{7-32}$$

$$prob(ds(\boldsymbol{p}_i,O_k)\geqslant R_s)\geqslant 1-\delta \tag{7-33}$$

图 7-8 展示了三维环境下 BVC 和 B-UAVC 的对比结果图，可以看到相较于 BVC，B-UAVC 多回退了一个不确定缓冲项，使得四旋翼无人机与周围其他四旋翼无人机和障碍物的距离变得更远。

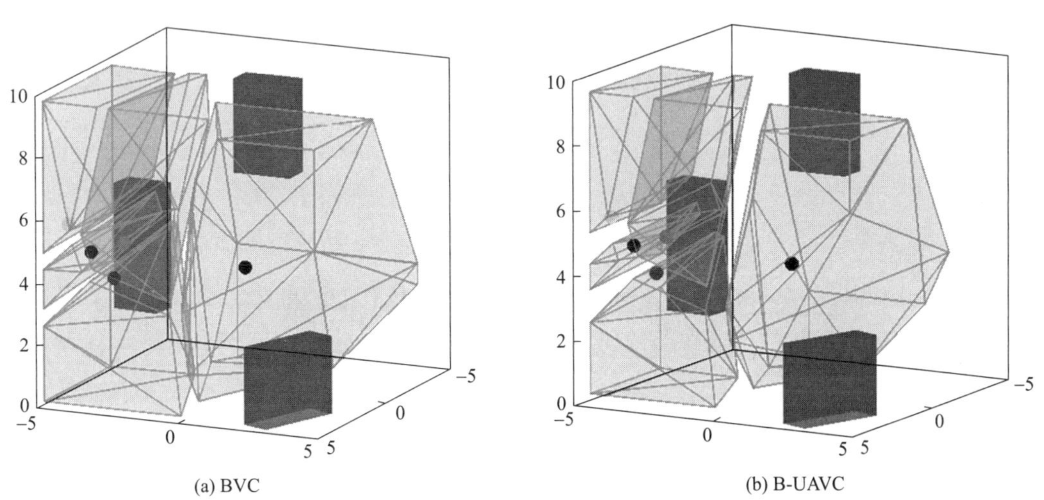

图 7-8　可行空间提取结果示意图

7.2 基于障碍物建模的避障约束构建

除了通过对非占用可行空间建模来构建障碍物避碰约束外，另一种方式是反过来对障碍物建模，然后将四旋翼无人机建模结果与障碍物建模结果的交集为空集作为避碰约束：

$$\mathrm{E}(\boldsymbol{x}_k) \cap O^{(m)} = \varnothing, \tag{7-34}$$

式中，$\boldsymbol{x}_k$ 代表四旋翼无人机在 k 时刻的状态；$\mathrm{E}(\boldsymbol{x}_k)$代表在 k 时刻四旋翼无人机建模结果（2.1 章节）的占用空间；$O^{(m)}$ 代表第 m 个障碍物的建模结果。

7.2.1 基于球形或椭球的障碍物建模

一个依据直觉的方法是将障碍物建模成球或者椭球[14]：

$$O = \{p \in \mathbb{R}^3 \mid (\boldsymbol{p} - \boldsymbol{p}^O)^{\mathrm{T}} \boldsymbol{W} (\boldsymbol{p} - \boldsymbol{p}^O) \leqslant 1\}, \tag{7-35}$$

式中，$\boldsymbol{p}^O$ 代表障碍物 O 的中心；$\boldsymbol{W}$ 是一个正定对称矩阵。

通过对障碍物建模来实现四旋翼无人机的避碰，一个关键的步骤是计算四旋翼无人机与建模后障碍物的距离。如果使用（$M+1$）个等距时间样本点来离散四旋翼无人机的轨迹，那么针对含有 K 个障碍物的环境，就需要在轨迹优化问题中引入 $K(M+1)$ 个不等式约束。

虽然这个对障碍物建模的方法很简单，但是一个显然的非理想场景是障碍物无法被球或者椭球很好地建模。此外，当考虑四旋翼无人机的形状时，除非将四旋翼无人机和障碍物都近似成球，否则计算两个椭球之间的距离是需要考虑所引入的计算复杂度的。

7.2.2 基于构造实体几何的障碍物建模

构造实体几何[15]（constructive solid geometry，CSG）方法可以解决上述建模方法的一些缺点。CSG 采用实值隐式点成员分类（real-valued implicit point membership classification，PMC）函数的概念，通过构造一个非负函数 h_O：$\boldsymbol{p} \in \mathbb{R}^n \mapsto \mathbb{R}^+$ 来描述某个几何形状的外部、内部和边界：

$$h_O = \begin{cases} 1, & \text{外部} \\ 0, & \text{边界} \\ -1, & \text{内部} \end{cases} \tag{7-36}$$

通过对几何基元（geometric primitives）进行并集操作 U_f 和交集操作 I_f，采用 CSG 能够建模具有任意形状的凸或非凸障碍物：

$$\begin{cases} U_f(h_{O,1}, h_{O,2}, \cdots, h_{O,j}) = (h_{O,1}^{-f} + h_{O,2}^{-f} + \cdots + h_{O,j}^{-f})^{-\frac{1}{f}}, \\ I_f(h_{O,1}, h_{O,2}, \cdots, h_{O,j}) = (h_{O,1}^{f} + h_{O,2}^{f} + \cdots + h_{O,j}^{f})^{\frac{1}{f}}, \end{cases} \tag{7-37}$$

式中，f 是一个正实数。f 的值越大，对障碍物的近似效果就越好。

采用 CSG 进行障碍物建模的优势主要有两个：

① 可以对任意几何形状的障碍物进行建模；

② 只需要在轨迹优化问题中引入（$M+1$）个不等式约束，因为不论单个障碍物的数量如何，应用如式(7-38）所示的近似的并集操作，即只需要一个 $h_{O,\Sigma}$ 就能表示所有 K 个障碍物的并集。虽然与简单的球或椭球形状相比，约束方程的复杂性增加了，但是通过连续应用链式法则，仍然可以很容易地计算出解析梯度。

$$h_{O,\Sigma}=U_f(h_{O,1},h_{O,2},\cdots,h_{O,K}) \tag{7-38}$$

CSG 的缺点在于，其仍然无法得出直接映射到欧几里得距离的距离度量，因此引入统一的安全距离仍然很复杂。此外，该方法难以应用于被建模为任意形状，如凸包的四旋翼无人机。

7.2.3　基于符号距离的障碍物建模

为了同时考虑四旋翼无人机和障碍物的几何形状，符号距离[16]（signed distance）被广泛地应用。符号距离函数定义如下：

$$sd(Q(x),O)\triangleq dist(Q(x),O)-pen(Q(x),O), \tag{7-39}$$

式中，$Q(x)$ 代表四旋翼无人机建模结果所占用的空间；$dist(Q(x),O)$和 $pen(Q(x),O)$分别代表四旋翼无人机和障碍物之间的欧几里得距离和穿透距离，分别定义如下：

$$dist(Q(x),O)\triangleq \inf_{p\in R^3}\{\|\boldsymbol{p}\|:(Q(x)+\boldsymbol{p})\cap O\neq\varnothing\} \tag{7-40}$$

$$pen(Q(x),O)\triangleq \inf_{p\in R^3}\{\|\boldsymbol{p}\|:(Q(x)+\boldsymbol{p})\cap O=\varnothing\} \tag{7-41}$$

简单来说，符号距离将距离的概念扩展到对象穿透的情况，在这种情况下，它等于任意对象需要移动的负欧几里得距离，以便它们不再接触。

然而，直接将符号距离大于 0 作为约束进行轨迹的求解是难以实现的，因为它是隐式且不可导的，需要求解式(7-40）和式(7-41）来计算符号距离。幸运的是，当四旋翼无人机和障碍物都被建模成凸包，或都能被分解成有限个凸包的并集时，借助凸优化的强对偶性可以将避碰约束非保守地转化为一系列光滑约束，从而完成优化求解[16]。

值得注意的是，由于在问题转化工程中引入了对偶变量，将采用符号距离的障碍表示引入轨迹优化求解需要增加大量的等式和不等式约束，并且会增加优化问题的维度。具体地说，如果四旋翼无人机仅被建模为质点模型，针对含有 K 个障碍物的环境，使用（$M+1$）个等距时间样本点来离散四旋翼无人机的轨迹，会额外引入 $2(M+1)K$ 个非线性等式和不等式约束，并会额外引入 $(M+1)\sum_{\rho=1}^{K}F_\rho$ 个优化变量，其中 F 表示障碍物被建模成的凸包的面的个数。如果四旋翼无人机被建模为凸包模型，则会额外引入 $d(M+1)K$ 个线性等式约束和$(M+1)KG$ 个决策变量，其中 d 代表空间维度，通常为 3，G 表示四旋翼无人机被建模成的凸包的面的个数。

由于有符号距离与决策变量之间不存在直接的显式方程关系，即无法通过一个明确的公式直接表达它们之间的联系。因此，为了处理这种情况，除了采用对偶变量的方法之外，一些特别设计的算法也能直接通过符号距离进行轨迹优化求解。文献［17］中使用GJK（Gilbert-Johnson-Keerthi）算法[18]和扩展多面体算法（Expanding Polytope Algorithm，EPA）[19]来计算距离和惩罚，并使用其提供的分离或穿透向量来非退化地计算当前点的梯度（退化情况发生在两个形状的最近点不唯且所处平面是平行面的时候）。除去退化情况，使用GJK和EPA算法计算非线性避碰约束可以像非线性规划中的任何非线性约束一样处理，也就是将当前点的梯度，即局部线性化，提供给求解器。针对含有K个障碍物的环境，使用（$M+1$）个等距时间样本点来离散四旋翼无人机的轨迹，采用该方法只需要额外引入$K(M+1)$个不等式约束[20]。然而，采用该方法需要考虑GJK算法和EPA算法的计算代价。

7.3 驱动器限位约束构建

由于优化后的轨迹及其所包含的高阶信息需要作为下游控制器的输入，因此确保轨迹的安全性和可行性是至关重要的。在构建优化问题时，应该加入执行器饱和约束，也就是驱动器限位约束。常见的约束包括速度约束、加速度约束、急动度（jerk）约束和弹跳度（snap）约束［式(7-42)］。

$$\begin{gathered} v_{\min} \leqslant v \leqslant v_{\max} \\ a_{\min} \leqslant a \leqslant a_{\max} \\ j_{\min} \leqslant j \leqslant j_{\max} \\ s_{\min} \leqslant s \leqslant s_{\max} \end{gathered} \tag{7-42}$$

驱动器限位约束可能在不同轨迹类别中以不同的形式表现出来，但它们都可以明确地用所选轨迹类别特有的参数（6.2章节）来重新表述。这种转换利用了每个轨迹类别的独特组成和属性，从而使得驱动器限位约束在轨迹优化中的梯度贡献得以实现。

参考文献

［1］ Chen J, Su K, Shen S. Real-time safe trajectory generation for quadrotor flight in cluttered environments ［C］//2015 IEEE International Conference on Robotics and Biomimetics. IEEE, 2015: 1678-1685.

［2］ Sarmientoy A, Murrieta-Cidz R, Hutchinsony S. A sample-based convex cover for rapidly finding an object in a 3-D environment ［C］//IEEE International Conference on Robotics and Automation. 2005: 3486-3491.

［3］ Gao F, Wang L, Zhou B, et al. Teach-Repeat-Replan: A complete and robust system for aggressive flight in complex environments ［J］. IEEE Transactions on Robotics, 2020, 36 (5): 1526-1545.

［4］ Deits R, Tedrake R. Computing large convex regions of obstacle-free space through semidefinite programming ［C］//Algorithmic Foundations of Robotics XI. Springer, 2015: 109-124.

［5］ Liu S, Watterson M, Mohta K, et al. Planning dynamically feasible trajectories for quadrotors using safe flight corridors in 3-D complex environments ［J］. IEEE Robotics and Automation Letters, 2017: 1688-1695.

［6］ Savin S. An algorithm for generating convex obstacle-free regions based on stereographic projection ［C］//International Siberian Conference on Control and Communications. 2017: 1-6.

［7］ Zhong X, Wu Y, Wang D, et al. Generating large convex polytopes directly on point clouds ［J］. arXiv preprint arXiv: 2010.08744, 2020.

[8] Wang Q, Wang Z, Wang M, et al. Fast iterative region inflation for computing large 2-d/3-d convex regions of obstacle-free space [J]. arXiv preprint arXiv: 2403.02977, 2024.

[9] Okabe A, Satoh T, Furuta T, et al. Generalized network Voronoi diagrams: Concepts, computational methods, and applications [J]. International Journal of Geographical Information Science, 2008, 22 (9): 965-994.

[10] Zhou D, Wang Z, Bandyopadhyay S, et al. Fast, on-line collision avoidance for dynamic vehicles using buffered voronoi cells [J]. IEEE Robotics and Automation Letters, 2017, 2 (2): 1047-1054.

[11] Pierson A, Rus D. Distributed target tracking in cluttered environments with guaranteed collision avoidance [C]//2017 International Symposium on Multi-Robot and Multi-Agent Systems. IEEE, 2017: 83-89.

[12] Tian B, Li P, Lu H, et al. Distributed pursuit of an evader with collision and obstacle avoidance [J]. IEEE Transactions on Cybernetics, 2021, 52 (12): 13512-13520.

[13] Zhu H, Alonso-Mora J. B-uavc: Buffered uncertainty-aware voronoi cells for probabilistic multi-robot collision avoidance [C]//2019 International Symposium on Multi-Robot and Multi-Agent Systems. IEEE, 2019: 162-168.

[14] Geisert M, Mansard N. Trajectory generation for quadrotor based systems using numerical optimal control [C]//2016 IEEE International Conference on Robotics and Automation. IEEE, 2016: 2958-2964.

[15] Ricci A. A constructive geometry for computer graphics [J]. The Computer Journal, 1973, 16 (2): 157-160.

[16] Zhang X, Liniger A, Borrelli F. Optimization-based collision avoidance [J]. IEEE Transactions on Control Systems Technology, 2020, 29 (3): 972-983.

[17] Schulman J, Duan Y, Ho J, et al. Motion planning with sequential convex optimization and convex collision checking [J]. The International Journal of Robotics Research, 2014, 33 (9): 1251-1270.

[18] Gilbert E G, Johnson D W, Keerthi S S. A fast procedure for computing the distance between complex objects in three-dimensional space [J]. IEEE Journal on Robotics and Automation, 1988, 4 (2): 193-203.

[19] Van Den Bergen G. Collision detection in interactive 3D environments [M]. CRC Press, 2003.

[20] Lutz M, Meurer T. Efficient formulation of collision avoidance constraints in optimization based trajectory planning and control [C]//2021 IEEE Conference on Control Technology and Applications. IEEE, 2021: 228-233.

第8章 闭式轨迹跟踪控制策略

轨迹跟踪控制作为四旋翼无人机“感知-决策-规划-控制[1,2]”这一完整架构体系中的最后一个环节，对于无人机系统精确执行已规划轨迹具有十分重要的作用，特别是对于考虑姿态参考的系统，实现其姿态精确跟踪存在较大困难。本章针对四旋翼无人机的 PID 轨迹跟踪控制和 SE(3) 轨迹跟踪控制展开详细分析。

8.1 经典 PID 轨迹跟踪控制

目前四旋翼无人机轨迹跟踪控制中，常用的框架为串级 PID 闭环控制架构，无人机位置控制和姿态控制作为无人机跟踪控制的核心环节[3,4]。采用规划层输出 $\boldsymbol{p}^d$，$\dot{\boldsymbol{p}}^d$，$\ddot{\boldsymbol{p}}^d$ 作为无人机轨迹跟踪控制器的期望输入，在跟踪控制器中完成无人机推力 u_1 和无人机三轴合外力矩 $[u_2,u_3,u_4]^{\mathrm{T}}$ 的计算，作为无人机底层控制输入。

通过第 2 章对于无人机的动力学建模分析可知，四旋翼无人机动力学模型的非线性对其轨迹跟踪控制带来不便。考虑到通常慢速无人机运动状态为小角度小姿态运动，无人机每个状态为平衡状态，结合无人机平衡悬停状态（$\phi_0 \sim 0, \theta_0 \sim 0, u_{1,0} \sim mg$），通过对无人机动力学方程进行线性化处理[5]，得到无人机 x, y, z 三轴加速度表达式［式(8-1)］。在进行无人机控制过程中采用世界坐标系下的欧拉角，通过对无人机自身角速度和欧拉角之间的关系［式(8-2)］进行线性化处理求得无人机角速度，即欧拉角微分［式(8-3)］。

$$\begin{aligned} p_x &= g(\theta\cos\psi + \phi\sin\psi) \\ p_y &= g(\theta\sin\psi - \phi\cos\psi) \\ p_z &= -g + u_1/m \end{aligned} \tag{8-1}$$

$$\begin{bmatrix} \omega_x \\ \omega_y \\ \omega_z \end{bmatrix} = \begin{bmatrix} \cos\theta & 0 & -\cos\phi\sin\theta \\ 0 & 1 & \sin\phi \\ \sin\theta & 0 & \cos\phi\cos\theta \end{bmatrix} \begin{bmatrix} \dot{\phi} \\ \dot{\theta} \\ \dot{\psi} \end{bmatrix} \tag{8-2}$$

$$\begin{bmatrix} \omega_x \\ \omega_y \\ \omega_z \end{bmatrix} = \begin{bmatrix} \dot{\phi} \\ \dot{\theta} \\ \dot{\psi} \end{bmatrix} \tag{8-3}$$

无人机轨迹跟踪控制器采用串级 PID 闭环控制[6]，总体控制框图如图 8-1 所示。首先通过位置控制器设计实现无人机位置控制，并计算得出无人机期望的姿态角以及期望的油门推力；其次根据无人机位置控制器计算的期望姿态角加以无人机自身位姿反馈设计无

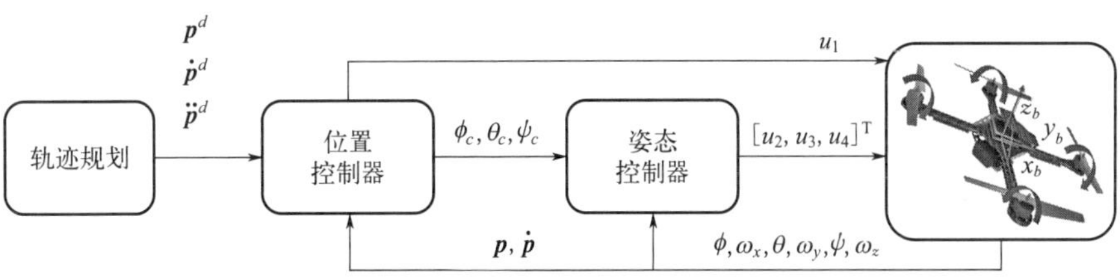

图 8-1　四旋翼无人机位置姿态串级控制器

人机姿态控制器，计算无人机期望力矩输出。

将根据无人机上层规划器计算得出的无人机下一步期望值 $\boldsymbol{p}^d$，$\dot{\boldsymbol{p}}^d$，$\ddot{\boldsymbol{p}}^d$，作为位置控制器输入，位置控制器反馈数据为无人机自身真实位置和速度 $\boldsymbol{p}$，$\dot{\boldsymbol{p}}$，通过串级 PID 控制器［式(8-4)］代入线性化处理后的无人机加速度方程［式(8-1)］计算得出无人机所需要的实时油门推力［式(8-5)］控制无人机油门大小。基于以上位置控制器可以同时计算得出无人机期望的欧拉角［式(8-6)］作为无人机姿态控制器的输入，同时采用无人机自身姿态信息（角速度、角度）作为姿态控制器［式(8-7)］的输入，计算得出无人机所需三轴力矩，实现该无人机的姿态控制输出［式(8-8)］，进而完成无人机轨迹跟踪控制。

$$\dot{\boldsymbol{p}}_{i,c}=\dot{\boldsymbol{p}}_i^d+K_{d,i}(\dot{\boldsymbol{p}}_i^d-\dot{\boldsymbol{p}}_i)+K_{p,i}(\boldsymbol{p}_i^d-\boldsymbol{p}_i) \tag{8-4}$$

$$u_1=m(g+\ddot{\boldsymbol{p}}_{z,c}) \tag{8-5}$$

$$\begin{aligned}\phi_c&=(\ddot{\boldsymbol{p}}_{x,c}\sin\psi+\ddot{\boldsymbol{p}}_{y,c}\cos\psi)/g\\ \theta_c&=(\ddot{\boldsymbol{p}}_{x,c}\cos\psi+\ddot{\boldsymbol{p}}_{y,c}\sin\psi)/g\end{aligned} \tag{8-6}$$

$$\begin{bmatrix}\dot{\phi}_c\\ \dot{\theta}_c\\ \dot{\psi}_c\end{bmatrix}=\begin{bmatrix}K_{p,\phi}(\phi_c-\phi)+K_{d,\phi}(\dot{\phi}_c-\dot{\phi})\\ K_{p,\theta}(\theta_c-\theta)+K_{d,\theta}(\dot{\theta}_c-\dot{\theta})\\ K_{p,\psi}(\psi_c-\psi)+K_{d,\psi}(\dot{\psi}_c-\dot{\psi})\end{bmatrix} \tag{8-7}$$

$$\begin{bmatrix}u_2\\ u_3\\ u_4\end{bmatrix}=\boldsymbol{I}\begin{bmatrix}\dot{\phi}_c\\ \dot{\theta}_c\\ \dot{\psi}_c\end{bmatrix}+\begin{bmatrix}\omega_x\\ \omega_y\\ \omega_z\end{bmatrix}\times\boldsymbol{I}\begin{bmatrix}\omega_x\\ \omega_y\\ \omega_z\end{bmatrix} \tag{8-8}$$

8.1.1 控制效果可视化

基于以上 PID 轨迹跟踪控制架构，给出该控制器作用下的不同形状轨迹跟踪控制案例。其中表 8-1 所示为仿真过程中虚拟四旋翼无人机控制模型参数设置。在仿真曲线中实线为给定参考值，虚线为无人机自身状态真实值。

表 8-1　无人机系统控制参数设置

无人机系统参数名称	符号	数值
无人机质量	m	1.5kg
重力加速度	g	$9.81\mathrm{m/s^2}$
X 轴转动惯量	I_{xx}	$0.014\mathrm{kg\cdot m^2}$
Y 轴转动惯量	I_{yy}	$0.014\mathrm{kg\cdot m^2}$
Z 轴转动惯量	I_{zz}	$0.028\mathrm{kg\cdot m^2}$
转动惯量矩阵	$\boldsymbol{I}$	$\begin{bmatrix}0.014&0&0\\0&0.014&0\\0&0&0.028\end{bmatrix}$

续表

无人机系统参数名称	符号	数值
电机到质心的距离	l	0.225m
推力系数	k_f	6.11×10^{-8}N·m^2
力矩系数	k_m	1.5×10^{-9}N·m^2
位置环控制器比例增益	$K_{p,1}$	4.2
	$K_{p,2}$	4.2
	$K_{p,3}$	4.2
位置环控制器微分增益	$K_{d,1}$	1.5
	$K_{d,2}$	1.5
	$K_{d,3}$	1.5
姿态环控制器比例增益	$K_{p,\phi}$	9.5
	$K_{p,\theta}$	9.5
	$K_{p,\psi}$	9.5
姿态环控制器微分增益	$K_{d,\phi}$	3.2
	$K_{d,\theta}$	3.2
	$K_{d,\psi}$	3.2

(1) 四旋翼无人机八字轨迹跟踪控制仿真

基于线性化近似的串级 PID 闭环控制器，设计一条时间参数化的八字轨迹，实现四旋翼无人机轨迹跟踪控制仿真。其中图 8-2 所示为三维环境中四旋翼无人机飞行过程及其运行轨迹；图 8-3 所示为在轨迹跟踪控制过程中四旋翼无人机三轴真实位置和给定期望轨迹的曲线对比；图 8-4 所示为飞行过程中四旋翼无人机三轴真实速度和给定期望轨迹的曲线对比。

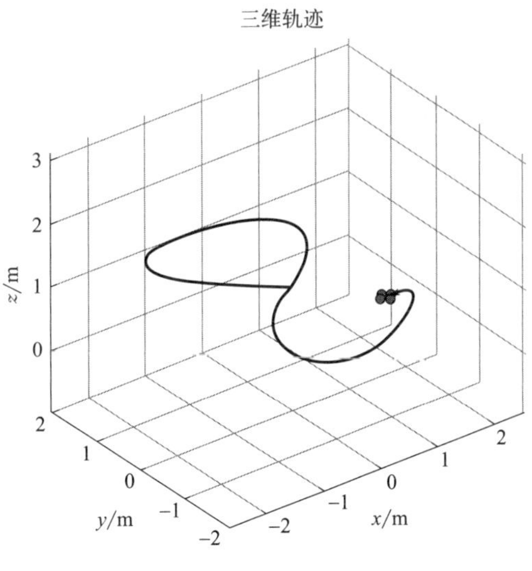

图 8-2　四旋翼无人机八字轨迹跟踪示意图

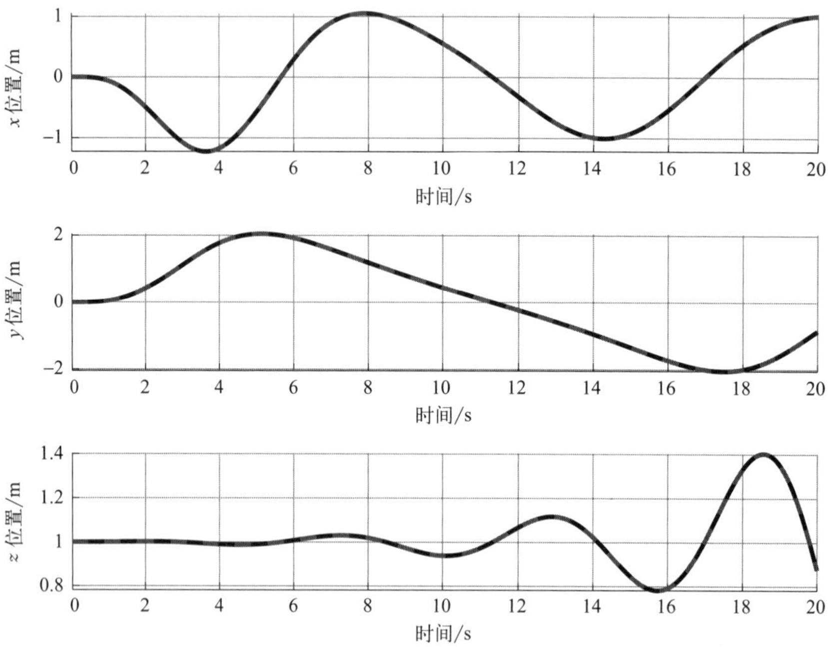

图 8-3 四旋翼无人机轨迹跟踪三轴位置跟踪曲线

（实线为参考位置曲线，虚线为真实位置曲线）

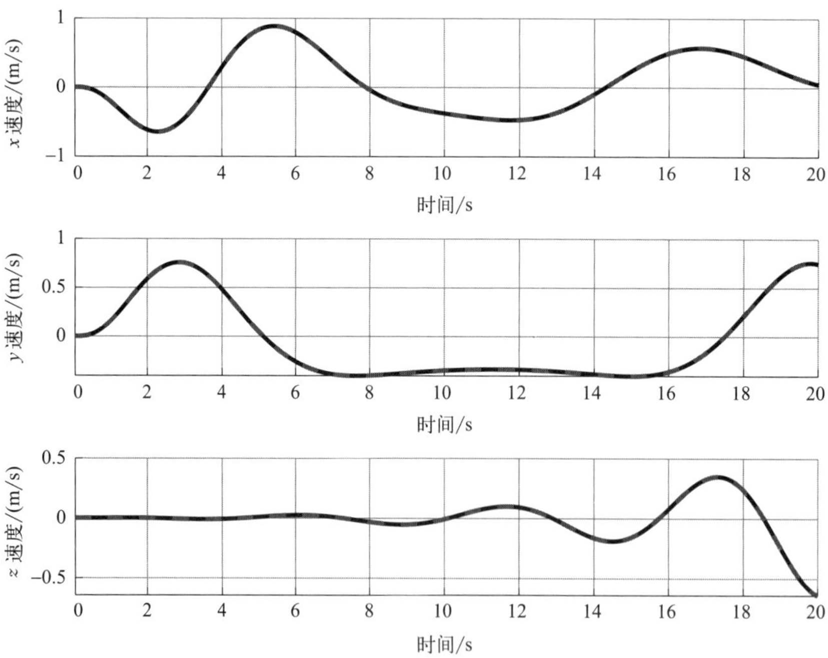

图 8-4 四旋翼无人机轨迹跟踪三轴速度跟踪曲线

（实线为参考速度曲线，虚线为真实速度曲线）

(2) 四旋翼无人机直线轨迹跟踪控制仿真

设计一条时间参数化的直线轨迹，实现四旋翼无人机轨迹跟踪控制仿真。其中图 8-5 所示为三维环境中四旋翼无人机飞行过程及其运行轨迹；图 8-6 所示为在轨迹跟踪控制过程中四旋翼无人机三轴真实位置和给定期望轨迹的曲线对比；图 8-7 所示为飞行过程中四旋翼无人机三轴真实速度和给定期望轨迹的曲线对比。

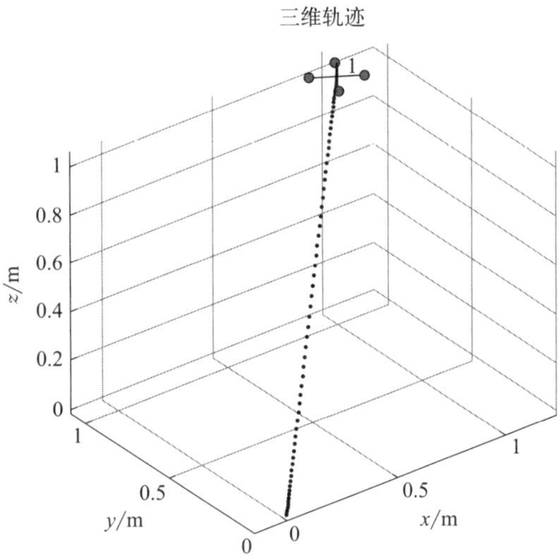

图 8-5　四旋翼无人机直线轨迹跟踪示意图

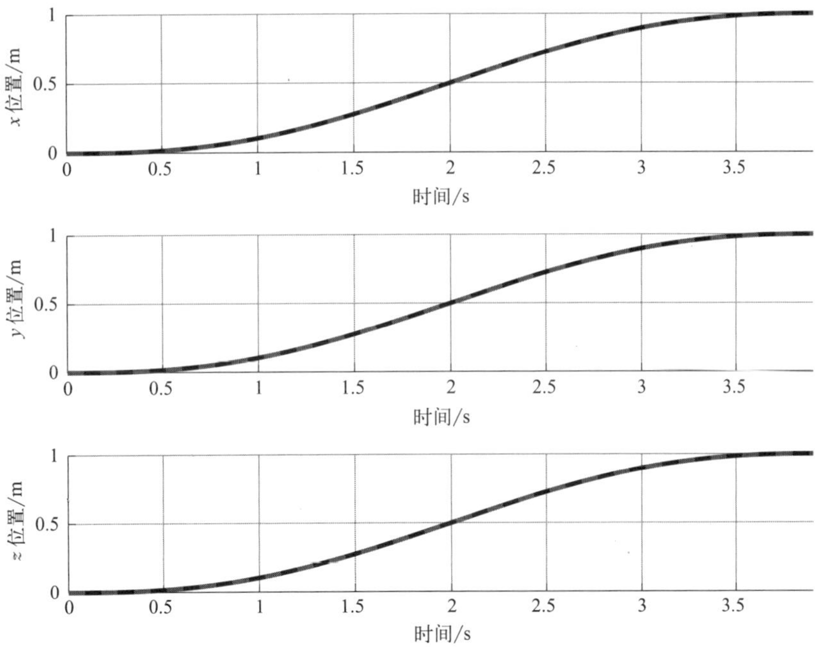

图 8-6　四旋翼无人机轨迹跟踪三轴位置跟踪曲线

（实线为参考位置曲线，虚线为真实位置曲线）

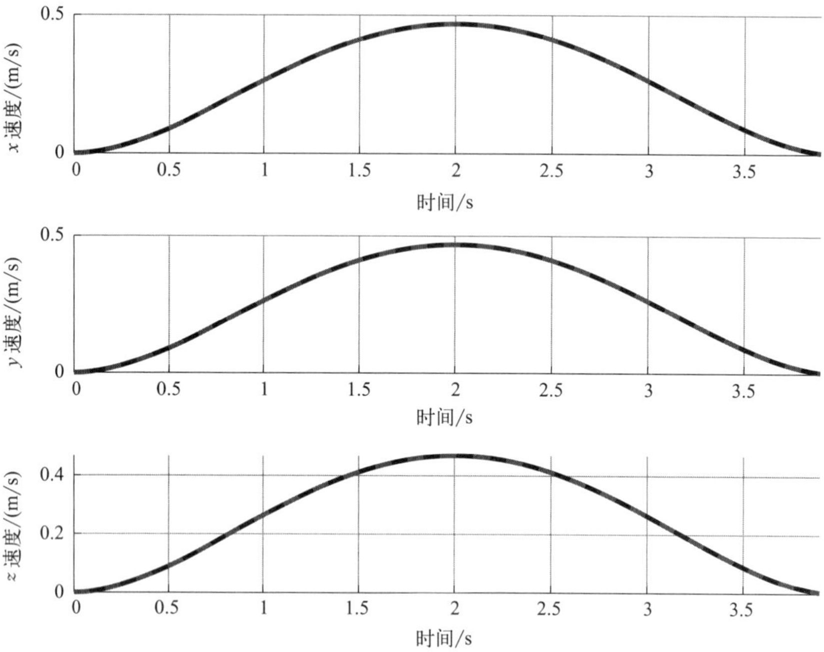

图 8-7 四旋翼无人机轨迹跟踪三轴速度跟踪曲线
（实线为参考速度曲线，虚线为真实速度曲线）

（3）四旋翼无人机螺旋线轨迹跟踪控制仿真

设计一条时间参数化的三维螺旋线轨迹，实现四旋翼无人机轨迹跟踪控制仿真。其中图 8-8 所示为三维环境中四旋翼无人机飞行过程及其运行轨迹；图 8-9 所示为在轨迹跟踪控制过程中四旋翼无人机三轴真实位置和给定期望轨迹的曲线对比；图 8-10 所示为飞行过程中四旋翼无人机三轴真实速度和给定期望轨迹的曲线对比。

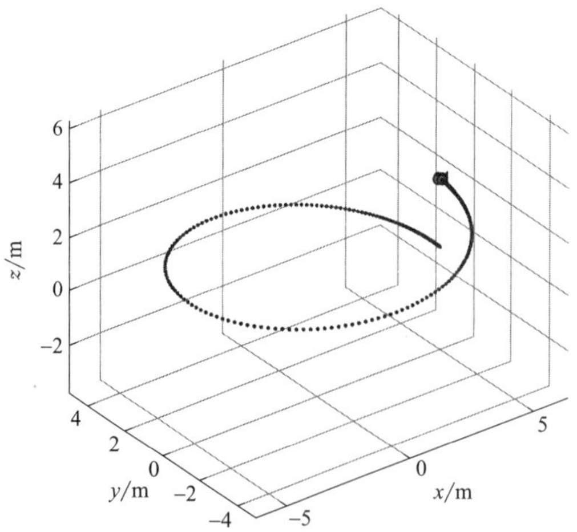

图 8-8 四旋翼无人机螺旋线轨迹跟踪示意图

基于以上八字轨迹、直线轨迹以及螺旋线轨迹三种不同轨迹的跟踪控制仿真结果，可

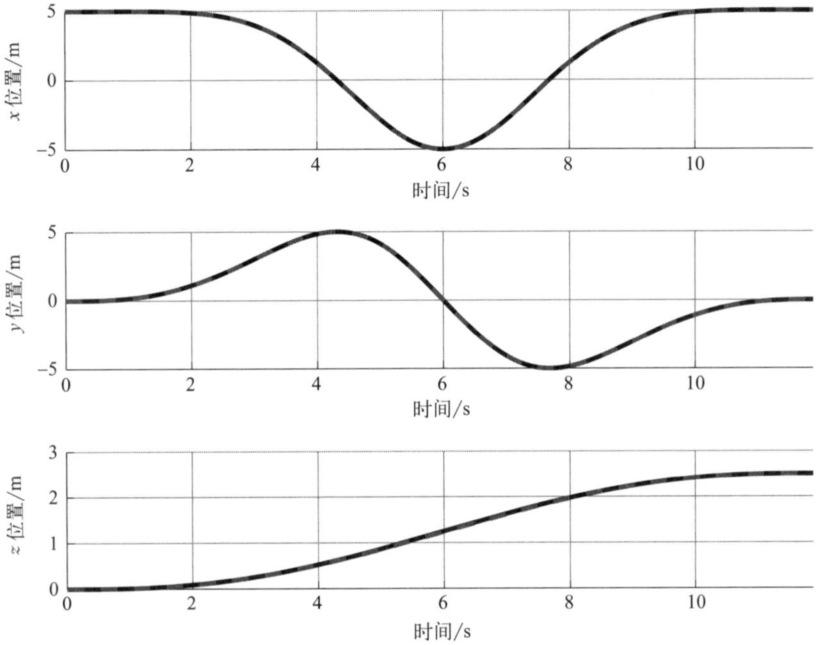

图 8-9　四旋翼无人机轨迹跟踪三轴位置跟踪曲线

（实线为参考位置曲线，虚线为真实位置曲线）

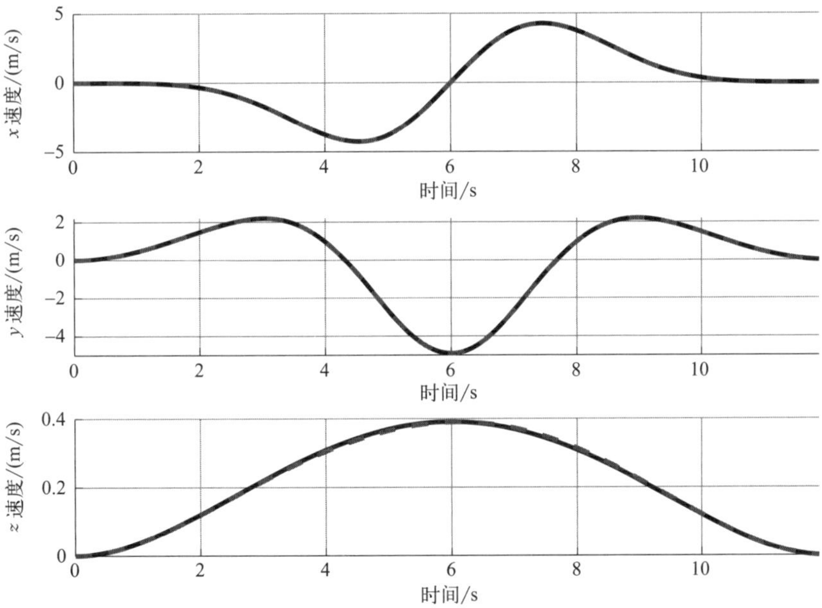

图 8-10　四旋翼无人机轨迹跟踪三轴速度跟踪曲线

（实线为参考速度曲线，虚线为真实速度曲线）

知在小角度小姿态轨迹跟踪控制需求案例中，线性化近似处理的串级 PID 闭环控制能够精确跟踪位置和速度。同时，其计算资源占用量较少，因此该控制方法在实际工程应用中具有优势。

8.1.2 Gazebo半实物仿真验证

四旋翼无人机半实物仿真示意图如图 8-11 所示，仿真位置真实曲线和仿真姿态角真实曲线分别如图 8-12 和图 8-13 所示。

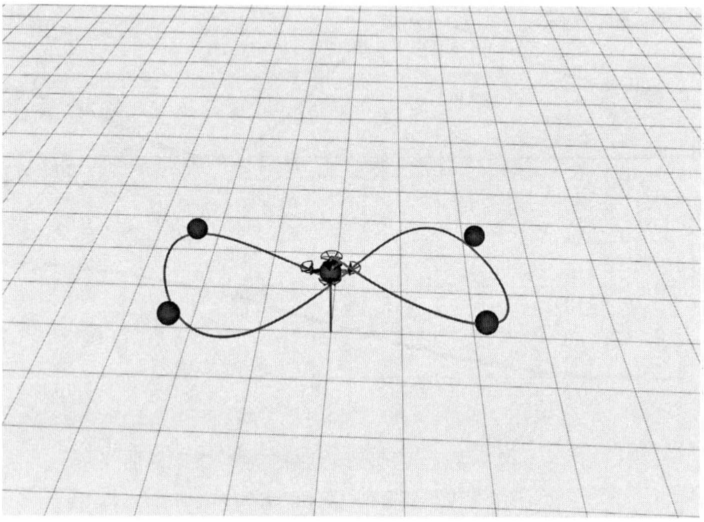

图 8-11　四旋翼无人机半实物仿真示意图

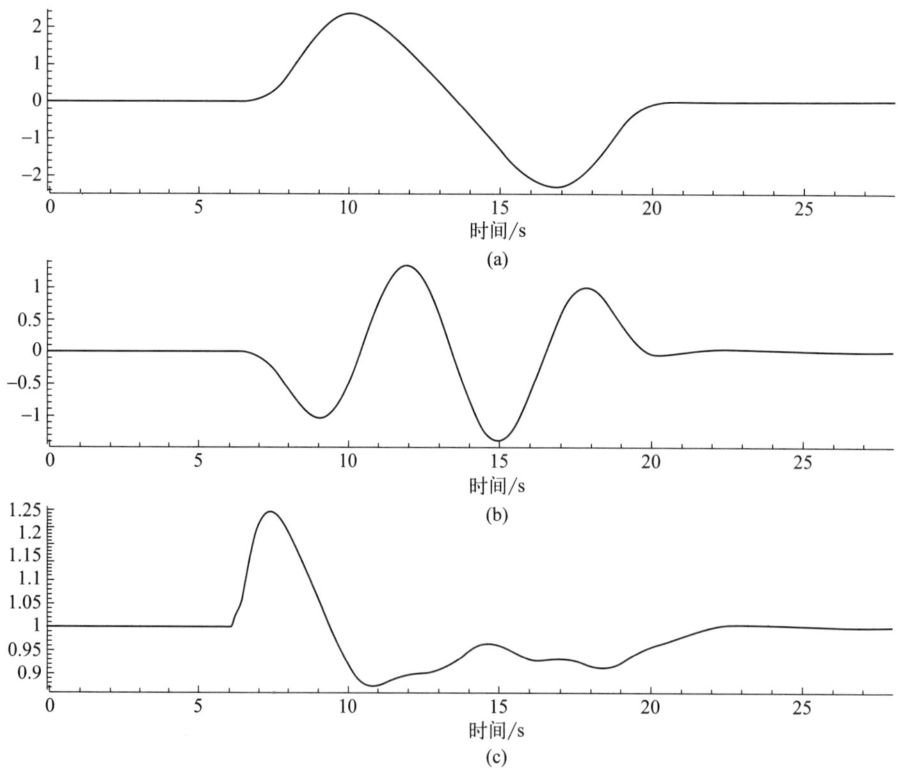

图 8-12　四旋翼无人机半实物仿真位置真实曲线

[（a）曲线为 x 轴方向位置变化曲线，（b）曲线为 y 轴方向位置变化曲线，（c）曲线为 z 轴方向位置变化曲线]

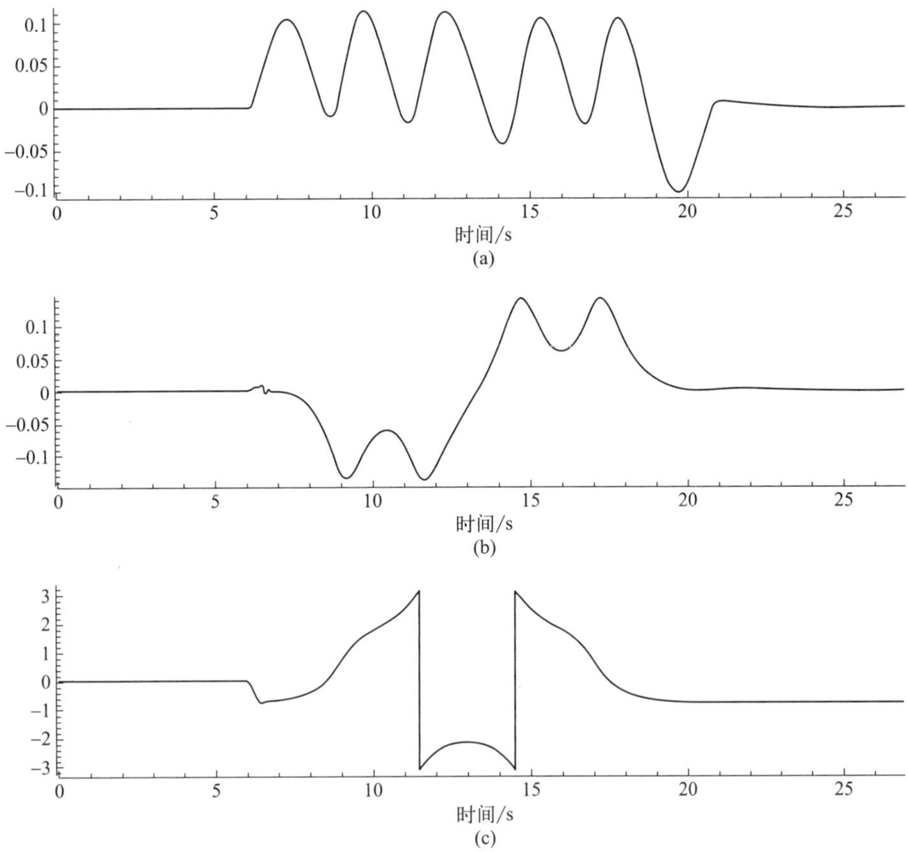

图 8-13　四旋翼无人机半实物仿真姿态角真实曲线

[（a）曲线为横滚角变化曲线，（b）曲线为俯仰角变化曲线，（c）曲线为偏航角变化曲线]

8.2　SE（3）轨迹跟踪控制

基于 8.1 节对四旋翼无人机轨迹跟踪控制器的设计分析，经典的闭环 PID 控制策略采用线性化近似实现对于无人机的控制，同时采用基于欧拉角实现，在复杂大机动的飞行场景中容易出现奇异性，导致飞行安全无法保证。为此，Taeyoung Lee 等人在文献 [7-9] 中提出了 SE（3）轨迹跟踪控制策略，针对无人机控制系统设计几何控制器，相较于线性化近似的 PID 控制策略降低了奇异性，并在实际工程开发中得以广泛应用。

在轨迹跟踪控制中，基于在 2.2 节中给出的微分平坦变换推导，给定期望值 $\sigma(t)=(p_x,p_y,p_z,\psi)^{\mathrm{T}}$、$\boldsymbol{R}_d(t)\in SO(3)$和 $\boldsymbol{\omega}_{bw_d}(t)$，要求无人机精确跟踪期望轨迹量。其中参考本书 2.2 节给出的四旋翼无人机动力学模型如下：

$$m\ddot{\boldsymbol{p}}=m\boldsymbol{g}+\boldsymbol{R}\boldsymbol{e}_3 f \tag{8-9}$$

$$\dot{\boldsymbol{R}}=\boldsymbol{R}\begin{bmatrix}0 & -\omega_y & \omega_z\\ \omega_y & 0 & -\omega_x\\ -\omega_z & \omega_x & 0\end{bmatrix} \tag{8-10}$$

$$\dot{\boldsymbol{\omega}}_{bw}=\boldsymbol{I}^{-1}\left[-\boldsymbol{\omega}_{bw}\times\boldsymbol{I}\boldsymbol{\omega}_{bw}+\begin{bmatrix}u_2\\u_3\\u_4\end{bmatrix}\right] \tag{8-11}$$

考虑到无人机系统的欠驱动性，即控制输入为总推力 f 和三轴力矩 $[u_2 \quad u_3 \quad u_4]^{\mathrm{T}}$，控制输出为三轴平移运动和三轴旋转运动，为了保证对于无人机系统的精确控制，分别采用姿态控制和位置控制两种控制模式。

四旋翼无人机 SE(3) 轨迹跟踪控制器示意如图 8-14 所示。

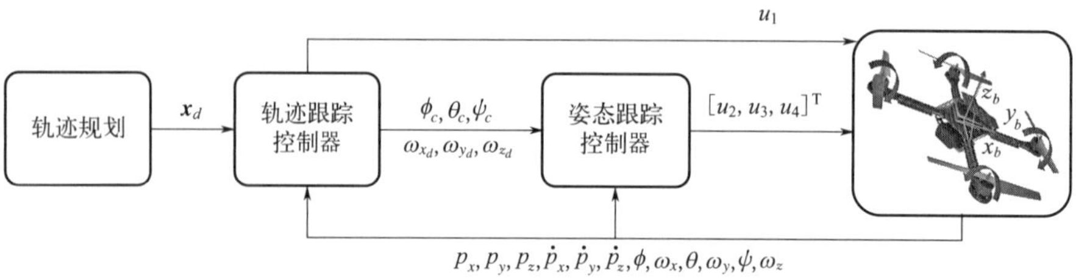

图 8-14 四旋翼无人机 SE（3）轨迹跟踪控制器

8.2.1 姿态控制器设计

为了描述姿态控制问题，假设给定期望的姿态指令为 $\boldsymbol{R}_d(t)\in SO(3)$，其满足运动学方程：$\dot{\boldsymbol{R}}_d=\boldsymbol{R}_d\hat{\boldsymbol{\omega}}_{bw_d}$。其中 $\hat{\boldsymbol{\omega}}_{bw_d}$ 是由 $\boldsymbol{\omega}_{bw_d}$ 所构成的斜对称矩阵（skew-symmetric matrix），$\boldsymbol{\omega}_{bw_d}(t)$ 表示期望的角速度向量，且假设该向量是有界的[10,11]。定义姿态误差，描述实际姿态与期望姿态之间的偏差。对于给定的跟踪指令（$\boldsymbol{R}_d$，$\boldsymbol{\omega}_{bw_d}$）和当前的姿态及角速度（$\boldsymbol{R}$，$\boldsymbol{\omega}_{bw}$），定义以下误差量：

姿态误差函数：$\Psi(\boldsymbol{R},\boldsymbol{R}_d)=\dfrac{1}{2}\mathrm{tr}[\boldsymbol{I}-\boldsymbol{R}_d^{\mathrm{T}}\boldsymbol{R}]$

姿态误差向量：$\boldsymbol{e}_{\boldsymbol{R}}=\dfrac{1}{2}(\boldsymbol{R}_d^{\mathrm{T}}\boldsymbol{R}-\boldsymbol{R}^{\mathrm{T}}\boldsymbol{R}_d)^{\vee}$

式中，$\vee$ 表示从 $SO(3)$ 到 $\mathbb{R}^3$ 的 vee 映射。

角速度误差向量：$\boldsymbol{e}_{\boldsymbol{\omega}}=\boldsymbol{\omega}_{bw}-\boldsymbol{R}^{\mathrm{T}}\boldsymbol{R}_d\boldsymbol{\omega}_{bw_d}$

根据以上定义的误差量，文献［11］给出了其性质分析并证明。

局部正定性：当 $\boldsymbol{R}=\boldsymbol{R}_d$ 时，Ψ 在局部正定。

左平凡化导数：Ψ 关于 $\boldsymbol{R}$ 的导数由式 $T_R^*(\boldsymbol{D}_R\Psi(\boldsymbol{R},\boldsymbol{R}_d))=\boldsymbol{e}_{\boldsymbol{R}}$ 表示。

临界点：误差函数 Ψ 的临界点对应于 $\boldsymbol{e}_{\boldsymbol{R}}=0$，其解为$\{\boldsymbol{R}_d\}\cup\{\boldsymbol{R}_d\exp(\pi\hat{s}),s\in S^2\}$。

下界：Ψ 满足$\dfrac{1}{2}\|\boldsymbol{e}_{\boldsymbol{R}}\|^2\leqslant\Psi(\boldsymbol{R},\boldsymbol{R}_d)$的下界关系。

上界：设常数 Ψ 严格小于 2，若 $\Psi(\boldsymbol{R},\boldsymbol{R}_d)<\psi<2$，则 $\Psi(\boldsymbol{R},\boldsymbol{R}_d)\leqslant\dfrac{1}{2-\psi}\|\boldsymbol{e}_{\boldsymbol{R}}\|^2$。

时间导数性质：Ψ 和 $\boldsymbol{e}_{\boldsymbol{R}}$ 的时间导数满足 $\dot{\Psi}=\boldsymbol{e}_{\boldsymbol{R}}\cdot\boldsymbol{e}_{\omega}$，$\|\dot{\boldsymbol{e}}_{\boldsymbol{R}}\|\leqslant\|\boldsymbol{e}_{\boldsymbol{\omega}}\|$。

姿态跟踪控制器设计：基于上述的误差定义与性质，假设在姿态跟踪控制中不存在未知扰动情况，给出非线性控制器用于姿态跟踪问题[12]。具体的控制律如下：

$$\begin{bmatrix} u_2 \\ u_3 \\ u_4 \end{bmatrix} = -k_{\boldsymbol{R}}\boldsymbol{e}_{\boldsymbol{R}} - k_{\boldsymbol{\omega}}\boldsymbol{e}_{\boldsymbol{\omega}} + (\boldsymbol{R}^{\mathrm{T}}\boldsymbol{R}_d\boldsymbol{\omega}_{bw_d})^{\wedge}\boldsymbol{I}\boldsymbol{R}^{\mathrm{T}}\boldsymbol{R}_d\boldsymbol{\omega}_{bw_d} + \boldsymbol{I}\boldsymbol{R}^{\mathrm{T}}\boldsymbol{R}_d\dot{\boldsymbol{\omega}}_{bw_d} \tag{8-12}$$

式中，$k_{\boldsymbol{R}}$，$k_{\boldsymbol{\omega}}$ 为正的控制增益；$\boldsymbol{I}$ 为惯性矩阵；$\boldsymbol{\omega}_{bw_d}$ 和 $\dot{\boldsymbol{\omega}}_{bw_d}$ 分别是期望的角速度和角加速度。

8.2.2　位置控制器设计

在姿态控制的基础上，本节引入了一种适用于位置控制的非线性控制器。该控制器通过推力大小和力矩向量的设计，实现四旋翼无人机的高效位置跟踪与稳定控制。

定义位置跟踪误差，假设给定一个任意光滑的期望位置指令 $\boldsymbol{p}_d(t) \in \mathbb{R}^3$，定义位置误差 $\boldsymbol{e}_p$ 和速度误差 $\boldsymbol{e}_v$ 如下：

$$\begin{aligned} \boldsymbol{e}_p &= \boldsymbol{p} - \boldsymbol{p}_d, \\ \boldsymbol{e}_v &= \dot{\boldsymbol{p}} - \dot{\boldsymbol{p}}_d \end{aligned} \tag{8-13}$$

式中，$\boldsymbol{p}$ 是无人机的当前位置，$\dot{\boldsymbol{p}}$ 是无人机的当前速度，$\boldsymbol{p}_d$ 和 $\dot{\boldsymbol{p}}_d$ 分别是期望的位置和速度。在位置控制下，姿态控制设定为 8.2.1 节中计算得到的姿态矩阵 $\boldsymbol{R}_c(t) \in SO(3)$ 和角速度 $\boldsymbol{\omega}_{bw_c}(t)$。具体定义如下：

$$\begin{aligned} \boldsymbol{R}_c &= [\boldsymbol{b}_{1c}, \boldsymbol{b}_{3c} \times \boldsymbol{b}_{1c}, \boldsymbol{b}_{3c}], \\ \hat{\boldsymbol{\omega}}_{bw_c} &= \boldsymbol{R}_c^{\mathrm{T}}\dot{\boldsymbol{R}}_c \end{aligned} \tag{8-14}$$

$\boldsymbol{b}_{3c} \in S^2$ 是一个单位向量，定义如下：

$$\boldsymbol{b}_{3c} = \frac{-k_p\boldsymbol{e}_p - k_x\boldsymbol{e}_x - mg\boldsymbol{e}_3 + m\ddot{\boldsymbol{p}}_d}{\| -k_p\boldsymbol{e}_p - k_v\boldsymbol{e}_v - mg\boldsymbol{e}_3 + m\ddot{\boldsymbol{p}}_d \|} \tag{8-15}$$

式中，k_x，k_v 是正的控制增益；$\boldsymbol{e}_3 = [0, 0, 1]^{\mathrm{T}}$ 是单位重力方向向量；m 是无人机的质量。向量 $\boldsymbol{b}_{1c} \in S^2$ 被选择为正交于 $\boldsymbol{b}_{3c}$，从而确保 $\boldsymbol{R}_c \in SO(3)$。$\boldsymbol{b}_{1c}$ 的选择可以根据所需的航向方向来指定。

(1) 位置跟踪控制器

位置控制飞行模式的非线性控制器由推力表达式和力矩表达式构成[11]。其具体形式如下：

① 推力控制：推力大小由式(8-16) 给出。

$$f = (k_p\boldsymbol{e}_p + k_v\boldsymbol{e}_v + mg\boldsymbol{e}_3 - m\ddot{\boldsymbol{p}}_d) \cdot \boldsymbol{R}\boldsymbol{e}_3 \tag{8-16}$$

式中，$\boldsymbol{R}$ 是当前姿态矩阵。

② 力矩控制：

$$\begin{bmatrix} u_2 \\ u_3 \\ u_4 \end{bmatrix} = -k_R\boldsymbol{e}_R - k_\omega\boldsymbol{e}_\omega + (\boldsymbol{R}^{\mathrm{T}}\boldsymbol{R}_c\boldsymbol{\omega}_{bw_c})^{\wedge}\boldsymbol{I}\boldsymbol{R}^{\mathrm{T}}\boldsymbol{R}_c\boldsymbol{\omega}_{bw_c} + \boldsymbol{I}\boldsymbol{R}^{\mathrm{T}}\boldsymbol{R}_c\dot{\boldsymbol{\omega}}_{bw_c} \tag{8-17}$$

式中，k_R，k_ω 是正的增益参数；$\boldsymbol{e}_R$ 和 $\boldsymbol{e}_\omega$ 分别是姿态误差和角速度误差；$\boldsymbol{I}$ 是惯性矩阵；$(\cdot)^\wedge$ 表示从 $\mathbb{R}^3$ 到 $SO(3)$ 的反对称矩阵映射。

具体来说，结合 8.2.1 小节中的姿态控制策略，计算得到的期望姿态矩阵 $\boldsymbol{R}_c$ 被精确设计，以确保四旋翼无人机的推力轴 $-\boldsymbol{b}_3$ 与目标推力方向 $-\boldsymbol{b}_{3c}$ 保持一致。其中，$\boldsymbol{b}_{3c}$ 是根据位置误差 $\boldsymbol{e}_p$、速度误差 $\boldsymbol{e}_v$、期望加速度 $\ddot{\boldsymbol{p}}_d$、重力补偿以及系统不确定性补偿项综合计算得到的单位向量，表示实现位置跟踪所需的推力方向。在此基础上，力矩控制表达式通过调节姿态误差 $\boldsymbol{e}_R$ 和角速度误差 $\boldsymbol{e}_\omega$，使无人机的姿态逐渐逼近并最终跟踪 $\boldsymbol{R}_c$，确保推力轴 $-\boldsymbol{b}_3$ 始终朝向 $-\boldsymbol{b}_{3c}$，从而满足位置控制对推力方向的要求。同时，推力控制表达式根据位置误差和系统动态需求，对推力的幅值进行精确调节，确保无人机能够提供合适的推力以克服系统扰动，进而实现对期望位置 $\boldsymbol{p}_d$ 的渐近跟踪。

综上所述，通过力矩控制和推力控制的协同作用，四旋翼无人机能够在三维空间中实现稳定的姿态跟踪，并在此基础上实现高精度的位置跟踪，保证系统整体的动态稳定性与跟踪性能。

（2）实验案例设计分析

① 四旋翼无人机直线轨迹跟踪控制。基于 SE(3) 姿态和位置控制器设计与分析，现给定一条带有位置和姿态约束的时间参数化轨迹，通过数值仿真验证该轨迹跟踪控制算法的有效性。其中图 8-15 所示为轨迹跟踪效果；图 8-16 和图 8-17 分别展示了四旋翼无人机的三轴位置和速度误差；为了有效验证姿态控制效果，图 8-18 给出了四旋翼无人机轨迹跟踪控制的姿态跟踪误差。

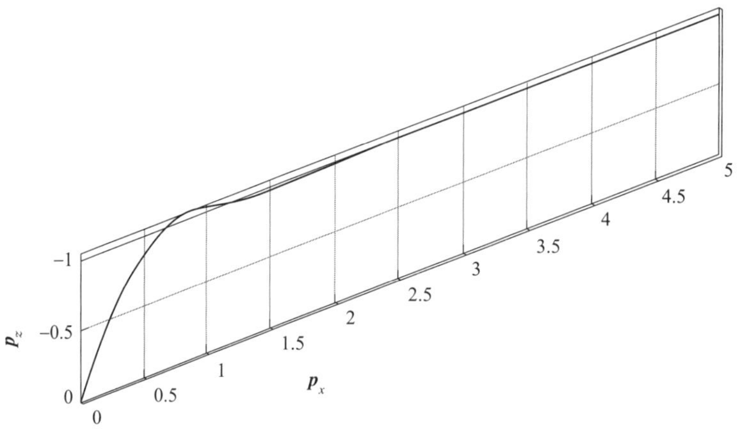

图 8-15　四旋翼无人机直线轨迹跟踪示意图

② 四旋翼无人机八字轨迹跟踪控制。在直线轨迹基础上设计给定一条带有位置和姿态约束的时间参数化八字轨迹，并且通过数值仿真验证该轨迹跟踪控制算法的有效性。其中图 8-19 所示为轨迹跟踪效果；图 8-20 和图 8-21 分别展示了四旋翼无人机的三轴位置和速度误差；为了有效验证姿态控制效果，图 8-22 给出了四旋翼无人机轨迹跟踪控制的姿态跟踪误差。

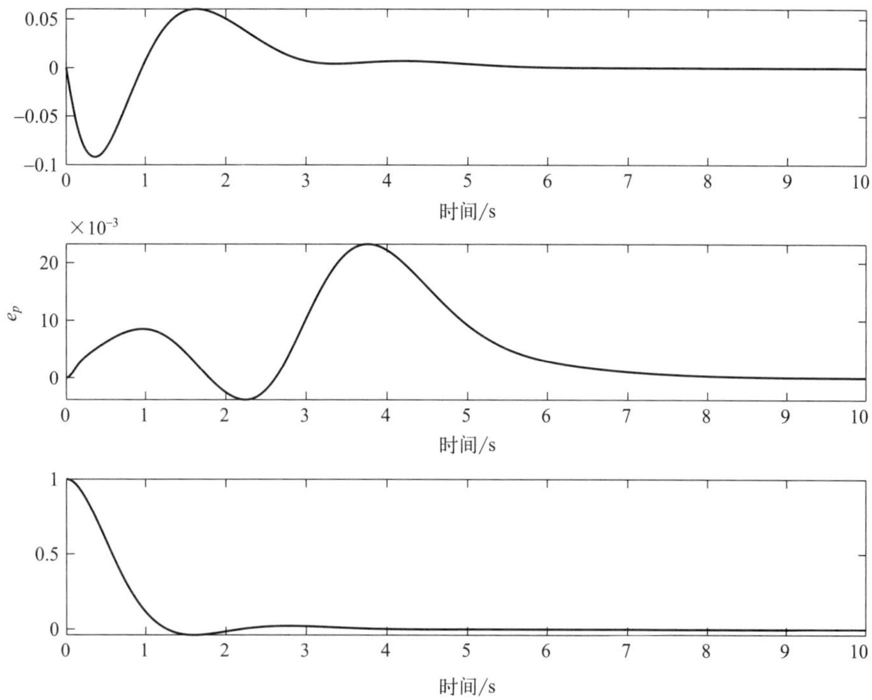

图 8-16　四旋翼无人机直线轨迹跟踪三轴位置误差曲线

（从上到下依次为 x、y、z 轴位置误差分量）

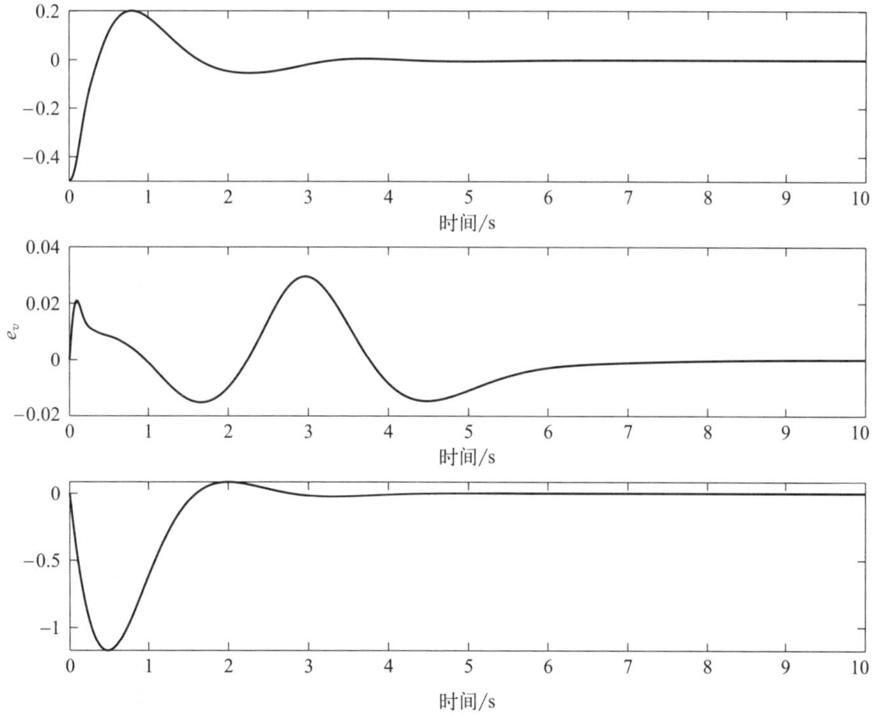

图 8-17　四旋翼无人机直线轨迹跟踪三轴速度误差曲线

（从上到下依次为 x、y、z 轴速度误差分量）

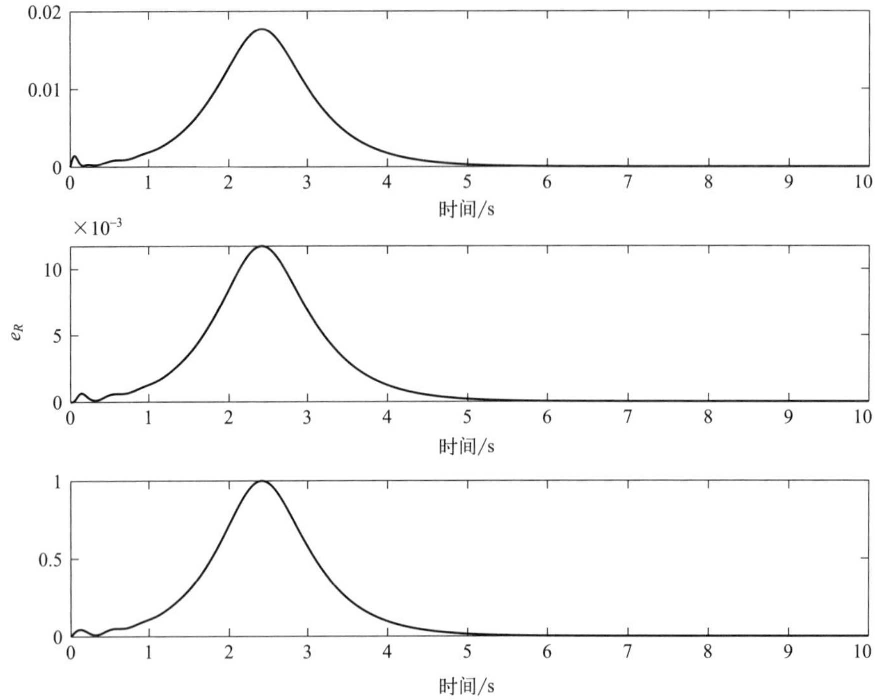

图 8-18　四旋翼无人机直线轨迹跟踪姿态跟踪误差曲线

（从上到下依次为横滚角、俯仰角和偏航角误差分量）

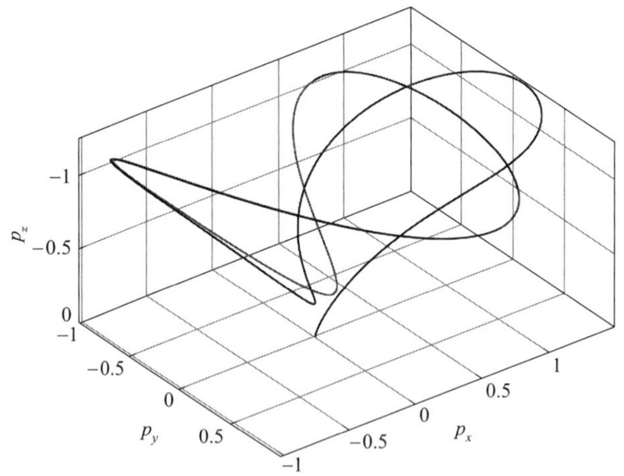

图 8-19　四旋翼无人机八字轨迹跟踪示意图

③ 四旋翼无人机圆形轨迹跟踪控制。设计给定一条带有位置和姿态约束的时间参数化圆形轨迹，通过数值仿真验证该轨迹跟踪控制算法的有效性。其中图 8-23 所示为轨迹跟踪效果；图 8-24 和图 8-25 分别展示了四旋翼无人机的三轴位置和速度误差；为了有效验证姿态控制效果，图 8-26 给出了四旋翼无人机轨迹跟踪控制的姿态跟踪误差。

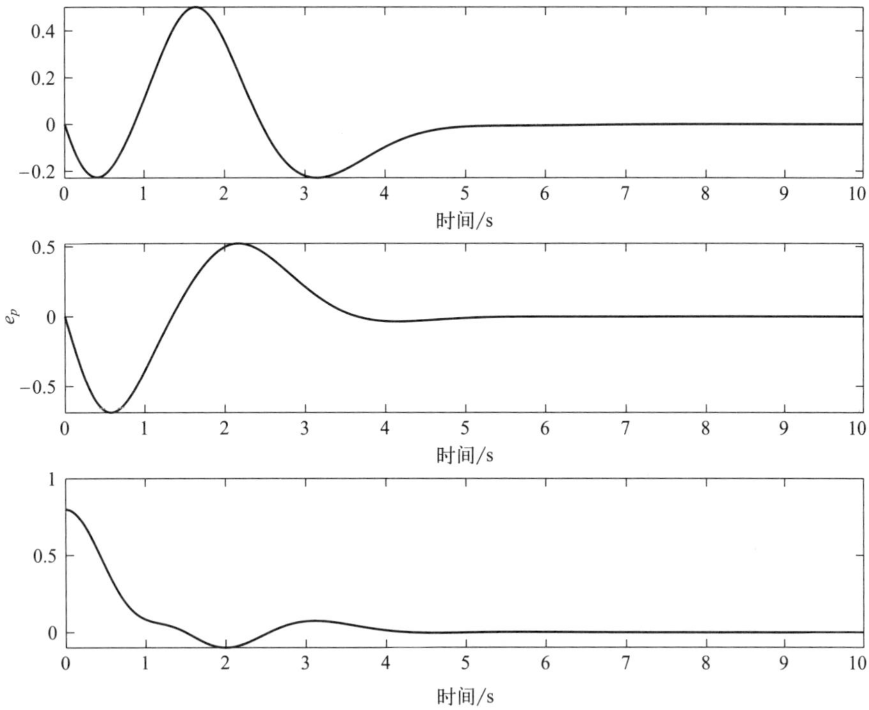

图 8-20　四旋翼无人机八字轨迹跟踪三轴位置误差曲线

（从上到下依次为 x、y、z 轴位置误差分量）

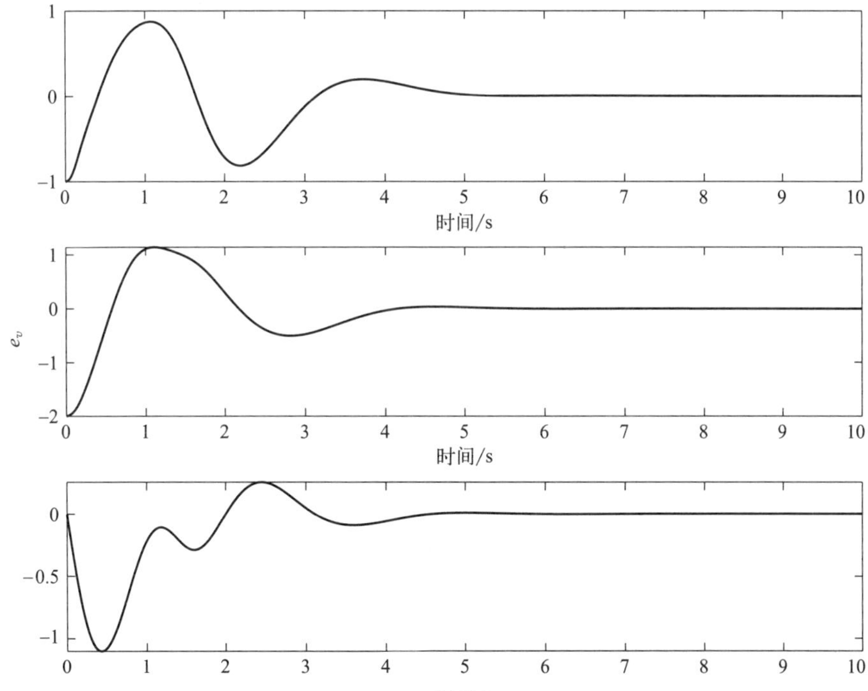

图 8-21　四旋翼无人机八字轨迹跟踪三轴速度误差曲线

（从上到下依次为 x、y、z 轴速度误差分量）

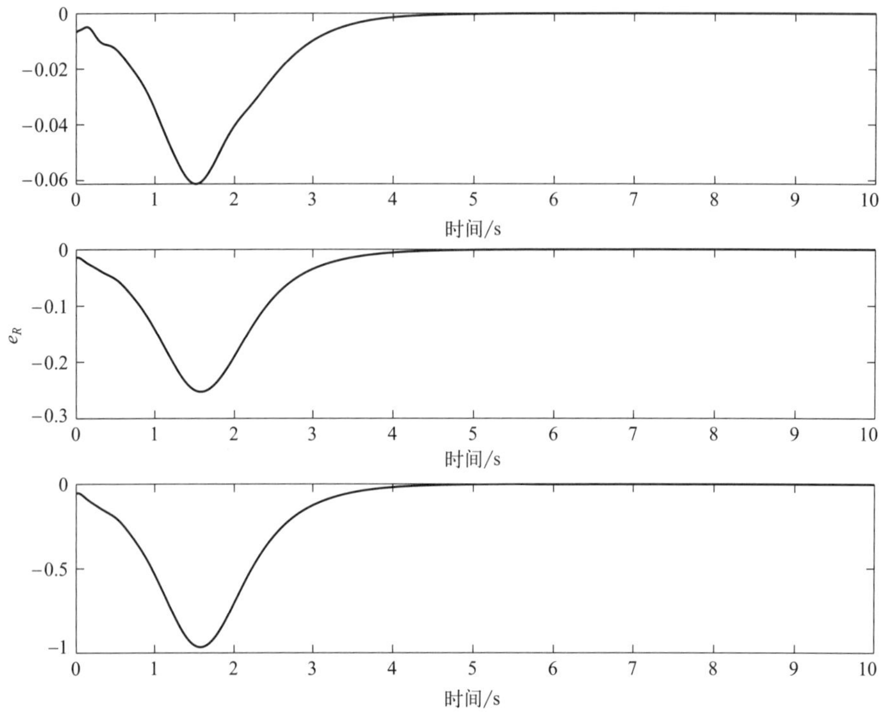

图 8-22　四旋翼无人机八字轨迹跟踪姿态跟踪误差曲线

（从上到下依次为横滚角、俯仰角和偏航角误差分量）

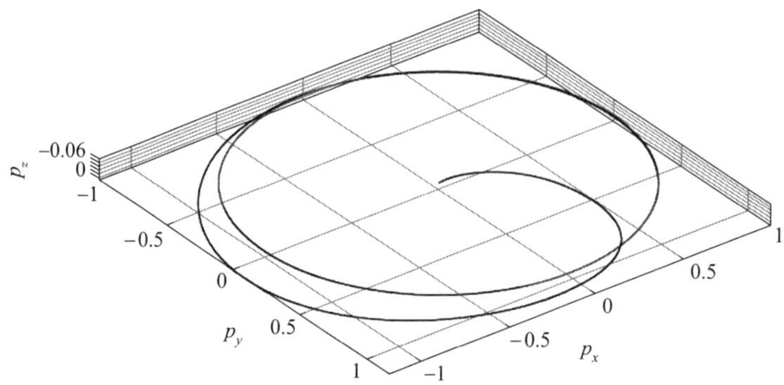

图 8-23　四旋翼无人机圆形轨迹跟踪示意图

基于以上 SE(3) 姿态和位置控制器作用，对不同给定期望参考轨迹的仿真结果进行分析。其中在直线跟踪过程中四旋翼无人机的位置、速度和姿态都以较快速率收敛；在给定八字和圆形参考轨迹的情况下位置和速度误差较大，收敛速率较慢，同时姿态控制效果显著。值得注意的是姿态误差曲线中偏航角误差高于横滚角和俯仰角。

综上所述，基于在 SE(3) 空间中姿态和位置的几何控制，借助其在 SE(3) 空间中的内在性和坐标无关性，可以避免欧拉角的奇异性和四元数表示姿态时的奇异问题，有助于在轨迹跟踪过程中实现包括姿态在内的轨迹精确跟踪。

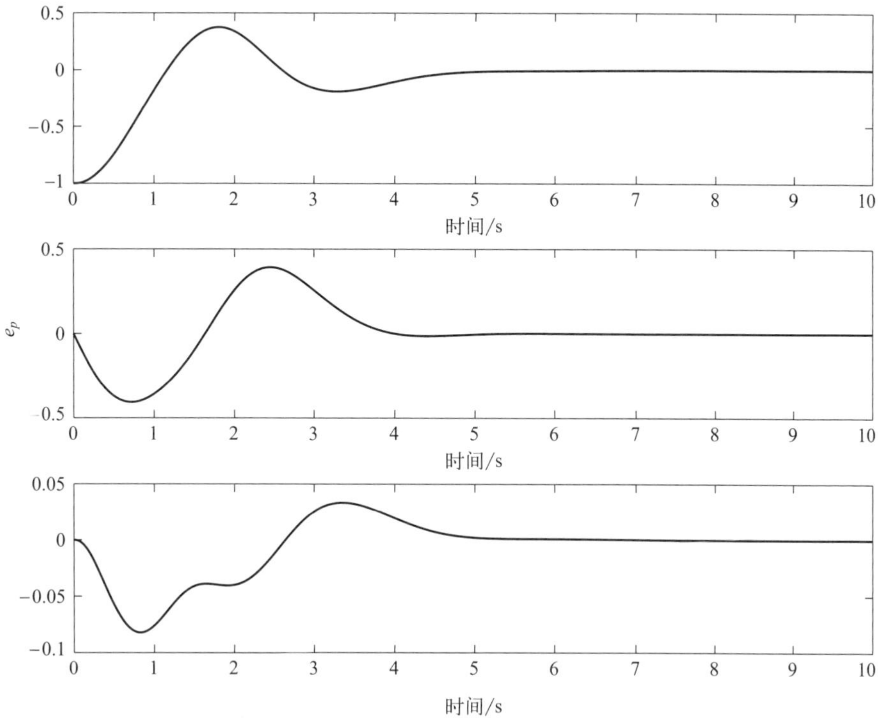

图 8-24　四旋翼无人机圆形轨迹跟踪三轴位置误差曲线

（从上到下依次为 x、y、z 轴位置误差分量）

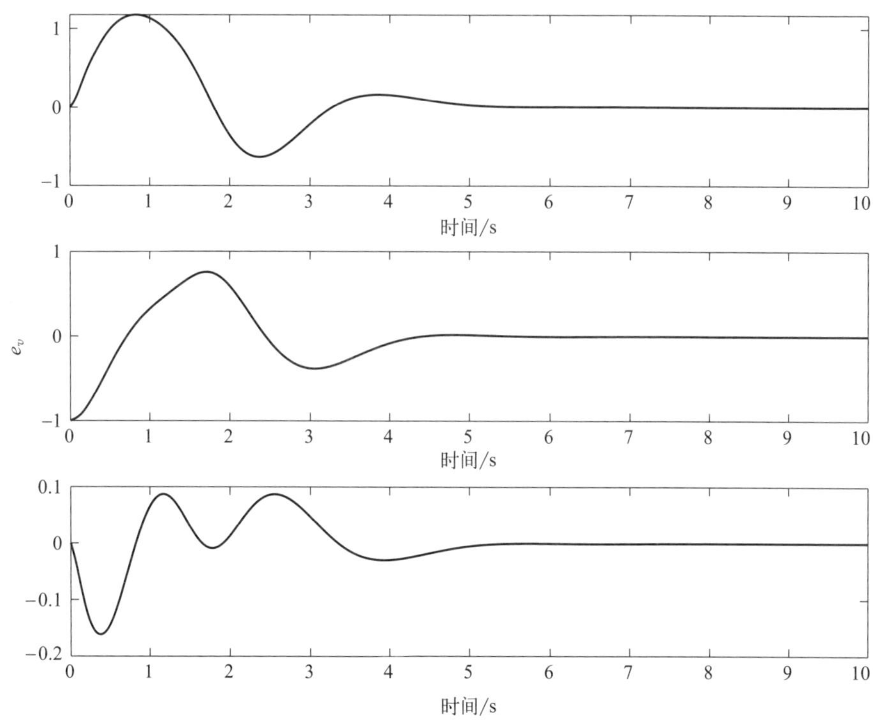

图 8-25　四旋翼无人机圆形轨迹跟踪三轴速度误差曲线

（从上到下依次为 x、y、z 轴速度误差分量）

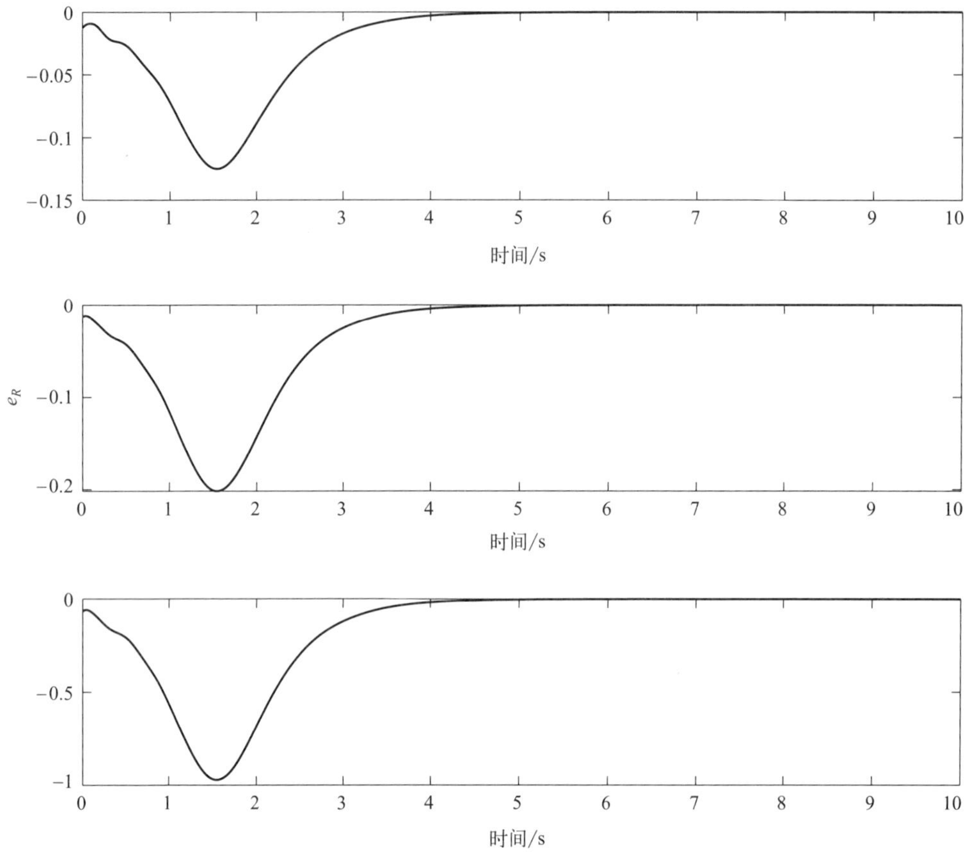

图 8-26　四旋翼无人机圆形轨迹跟踪姿态跟踪误差曲线
（从上到下依次为横滚角、俯仰角和偏航角误差分量）

参考文献

[1] 郭晶晶，刘允刚，满永超，等．自主多旋翼无人机系统：感知、规划与控制［J］．控制理论与应用，2024，41（10）：1707-1725.

[2] 全权．多旋翼飞行器设计与控制［M］．北京：电子工业出版社，2018.

[3] 黄奕，陈璟汝，徐琳．基于PID的四旋翼飞行器控制系统研究［J］．现代信息科技，2023，7（09）：78-81.

[4] Praveen V，Viswanadhapalli，Pillai S. Modeling and simulation of quadcopter using PID controller［J］. International Journal of Control Theory and Applications，2016，9（15）：7151-7158.

[5] Wang P，Man Z，Cao Z，et al. Dynamics modelling and linear control of quadcopter［C］// 2016 International Conference on Advanced Mechatronic Systems（ICAMechS）. IEEE，2016：498-503.

[6] 齐晓龙，雷继海．双闭环串级控制算法在四旋翼飞行器中的应用［J］．自动化与仪器仪表，2016，（4）：90-92.

[7] Lee T，Leok M，McClamroch N H. Geometric tracking control of a quadrotor UAV on SE(3)［C］// 49th IEEE Conference on Decision and Control（CDC）. IEEE，2010：5420-5425.

[8] Gamagedara K，Bisheban M，Lee T，et al. Geometric controls of a quadrotor UAV with decoupled yaw control［C］// 2019 American Control Conference（ACC）. IEEE，2019：3285-3290.

[9] Goodarzi F A，Lee D，Lee T. Geometric adaptive tracking control of a quadrotor unmanned aerial vehicle on SE (3) for agile maneuvers [J]. Journal of Dynamic Systems，Measurement，and Control，2015，137 (9)：091007.

[10] Bullo F，Lewis A D. Geometric control of mechanical systems，volume 49 of Texts in Applied Mathematics [M]. 2005：74.

[11] Lee T. Robust adaptive attitude tracking on SO(3) with an application to a quadrotor UAV [J]. IEEE Transactions on Control Systems Technology，2012，21 (5)：1924-1930.

[12] Subbarao K，Akella M R. Differentiator-free nonlinear proportional-integral controllers for rigid-body attitude stabilization [J]. Journal of Guidance，Control，and Dynamics，2004，27 (6)：1092-1096.

第9章 优化求解的轨迹跟踪控制策略

在四旋翼无人机的自主飞行过程中，精确的轨迹跟踪控制是确保飞行任务顺利完成的核心技术之一。轨迹跟踪不仅要求无人机能够准确地追踪预定路径，还需要在飞行过程中实时应对各种外部干扰和内部动态变化，如风速变化、系统故障及传感器误差等。尤其在复杂环境下，确保四旋翼无人机在动态、未知的条件下仍能保持高精度和稳定性，是轨迹跟踪控制技术面临的重要挑战。为了实现这一目标，在经典控制方法之外，基于优化求解的轨迹跟踪控制方法提供了一种高效且可行的解决方案。优化求解方法通过精确建模、实时优化和对控制输入的调节，能够在复杂约束条件下求解最优控制策略，确保系统在飞行全程中的表现达到最佳。这些方法不仅能够有效提高控制精度，还能提升系统的鲁棒性和适应性，尤其在面对系统不确定性和外部扰动时，能够实现较好的跟踪效果。本章将介绍几种基于优化求解的轨迹跟踪控制策略，分别是基于 LQR 的轨迹跟踪控制、基于 MPC 的轨迹跟踪控制和基于数据驱动的轨迹跟踪控制。

9.1　基于 LQR 的轨迹跟踪控制

在现代控制理论中，线性二次控制器（LQR）作为一种经典的最优控制方法被广泛应用于各类工程系统中，其具有重要的理论意义和实际价值。LQR 方法通过最小化性能指标，来获得系统的最优控制输入[1]。由于其简单、有效且能够保证系统的稳定性，LQR 在飞行器、机器人、自动驾驶等领域得到了广泛应用。LQR 控制器的核心思想是根据系统的状态信息实时计算控制输入，使系统状态能够快速收敛到期望的目标轨迹。对于轨迹跟踪问题，LQR 控制能够有效地处理系统的线性化模型。然而，实际应用中，由于系统的复杂性和非线性特征，LQR 方法往往需要与其他方法结合使用，以进一步提高轨迹跟踪的精度和鲁棒性。

9.1.1　LQR 控制基础知识

LQR 方法基于所设计的成本权重最小化代价函数，并且代价函数通常被设计为系统当前状态与设定状态之间的偏差项以及系统的控制输入项之和。因此，通过最小化代价函数，该方法可以找到最小化偏差的最优控制解。

对于一个连续时间线性系统，在 $t\in[t_0,t_1]$时刻的状态方程可描述为

$$\dot{\boldsymbol{x}}(t)=\boldsymbol{A}\boldsymbol{x}(t)+\boldsymbol{B}\boldsymbol{u}(t) \tag{9-1}$$

式中，$\boldsymbol{A}\in\boldsymbol{R}^{n\times n}$，$\boldsymbol{B}\in\boldsymbol{R}^{n\times m}$ 为系统状态矩阵与输入矩阵；$\boldsymbol{x}(t)$ 与 $\boldsymbol{u}(t)$ 分别为系统状态与控制输入。

给定系统的二次代价函数，定义为

$$J=\int_0^{\infty}[\boldsymbol{x}^{\mathrm{T}}(t)\boldsymbol{Q}\boldsymbol{x}(t)+\boldsymbol{u}^{\mathrm{T}}(t)\boldsymbol{R}\boldsymbol{u}(t)]\mathrm{d}t \tag{9-2}$$

式中，$\boldsymbol{Q}$ 和 $\boldsymbol{R}$ 是对称正定矩阵，用于衡量系统状态偏差和控制输入的能量消耗。

LQR 控制问题的最优解可以通过求解连续时间代数 Riccati 方程得到。代数 Riccati

方程为

$$A^{\mathrm{T}}P+PA-PBR^{-1}B^{\mathrm{T}}P+Q=0 \tag{9-3}$$

式中，P 为对称正定矩阵，求解该方程可以得到最优增益矩阵 K：

$$K=-R^{-1}B^{\mathrm{T}}P \tag{9-4}$$

那么系统的控制输入即为 $u(t)=-K=-R^{-1}B^{\mathrm{T}}P$，对应的闭环系统为

$$\dot{x}(t)=Ax(t)-BKx(t)=(A-BK)x(t) \tag{9-5}$$

该闭环系统具有稳定性，且通过适当地选择 Q 和 R 矩阵，可以使系统的状态在短时间内稳定地收敛到目标状态。通过 LQR 方法，控制器能够有效地处理线性系统中的轨迹跟踪问题，并提供理想的最优控制解。

9.1.2 LQR 轨迹跟踪策略

为适应不同无人机动力学建模方式，本章节将前文中计算得出的最优运动轨迹记作 x_{ref}，当前无人机的状态记作 x，基于 LQR 设计轨迹跟踪控制器，重新定义需要最小化的代价函数为

$$J=\int_{0}^{\infty}\left[(x(t)-x_{ref}(t))^{\mathrm{T}}Q(x(t)-x_{ref}(t))+u(t)^{\mathrm{T}}Ru(t)\right]\mathrm{d}t \tag{9-6}$$

定义 $e=x-x_{ref}$ 即为跟踪误差，基于代数 Riccati 方程求解反馈增益 K，实现四旋翼无人机的闭环控制，其控制流程如算法 9.1 所示。

算法 9.1 基于 LQR 的轨迹跟踪控制算法

初始化 获得参考轨迹 x_{ref}，初始化所需权重矩阵 Q 和 R。

开始循环

- **步骤 1.** 根据无人机当前的状态与目标轨迹计算跟踪误差。
- **步骤 2.** 通过代数 Riccati 方程求解最优反馈增益矩阵 K。
- **步骤 3.** 基于计算得到的反馈增益矩阵 K 和当前误差 $e(t)$ 计算控制输入 $u(t)$。
- **步骤 4.** 将计算所得控制输入 $u(t)$ 作用于无人机，返回步骤 1。

结束循环

图 9-1 展示了这一控制过程的闭环结构，通过反馈增益使无人机的状态逐步逼近目标轨迹。基于 LQR 的轨迹跟踪方法应用广泛，常常作为一种基础的基于优化问题的轨迹跟踪控制方法，如在文献 [2] 中，LQR 与 PID 方法被应用于无人机轨迹跟踪的对比；在文献 [3] 中，LQR 被用于具有载荷的四旋翼无人机跟踪控制问题。

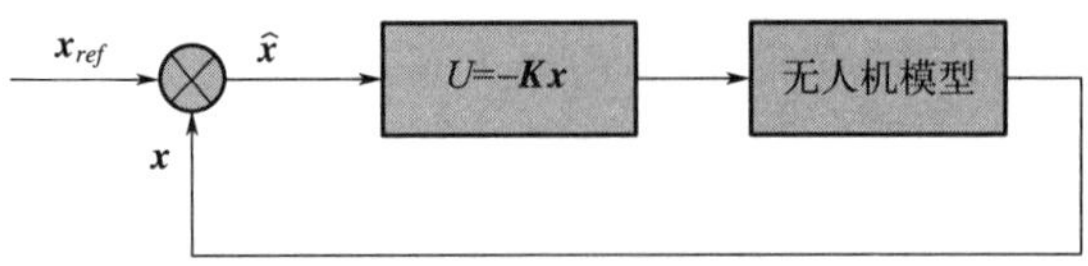

图 9-1 基于 LQR 的无人机轨迹跟踪策略

9.1.3　LQR+PI 跟踪控制

然而，无人机在飞行过程中易受到外界干扰和系统不确定性的影响，这对控制系统的鲁棒性提出了较高要求。由于在基于 LQR 的控制器设计中，与轨迹偏差量有关的权重 $\boldsymbol{Q}$ 和与执行器输入有关的权重 $\boldsymbol{R}$ 决定了代价函数的形式，进而影响到轨迹跟踪的实际效果。而权重的选择通常需要通过经验或者试错法，获得跟踪效果更好的轨迹意味着为 $\boldsymbol{R}$ 选择更大的系数，但是可能需要付出更大的控制代价。增大 $\boldsymbol{R}$ 矩阵的系数意味着实现以较小的控制成本实现稳定跟踪轨迹的效果，但是这会减少对跟踪效果的关注。

为了进一步提高稳态跟踪性能，可以将 LQR 控制器与比例-积分（PI）控制器结合。PI 控制器通过引入积分项来消除稳态误差，从而增强了系统在长时间运行后的误差修正能力。通过将误差信号（即目标轨迹与当前状态之间的偏差）作为系统状态的一部分，将 PI 控制器集成到 LQR 框架中，形成一个增广的系统模型，可以更好地平衡轨迹跟踪精度与控制成本。增广系统的状态包括原系统的状态和误差项，从而确保在轨迹跟踪过程中，PI 控制器能够实时修正系统的稳态误差，保证最终误差趋近于零。误差信号 $\boldsymbol{e}(t)$ 为

$$\boldsymbol{e}(t)=\boldsymbol{x}_{ref}(t)-\boldsymbol{x}(t) \tag{9-7}$$

进而获得基于 LQR-PI 控制器的状态空间模型：

$$\Delta\dot{\boldsymbol{x}}(t)=\boldsymbol{A}_1\Delta\boldsymbol{x}(t)+\boldsymbol{B}_1\Delta\boldsymbol{u}(t) \tag{9-8}$$

式中，$\Delta\dot{\boldsymbol{x}}=\begin{bmatrix}\dot{\boldsymbol{x}}\\ \dot{\boldsymbol{x}}_e\end{bmatrix}$ 为增广系统的状态，$\dot{\boldsymbol{x}}_e$ 是 $\boldsymbol{x}_e$ 的导数，$\boldsymbol{x}_e$ 为系统状态误差；矩阵 $\boldsymbol{A}_1$ 和 $\boldsymbol{B}_1$ 是具有适当维度的增广系统状态与输入矩阵，控制输入由增广系统的状态计算得出。通过引入 PI 控制器，系统能够根据误差的积累逐步修正跟踪误差，保证无人机在长时间飞行后的稳态误差趋近于零，同时通过 LQR 控制器在短期内优化控制性能，平衡了轨迹跟踪精度与控制成本。

此外，文献［4］研究了六旋翼无人机动力学，对带有 PI 控制器的 LQR 进行了分析，其设计的控制器能够实现良好的控制效果，该研究基础也可以拓展至四旋翼无人机。文献［5］考虑了受风力和其他环影响下无人机基于 LQR 的鲁棒控制，提出了一种自动调整权重矩阵的方法，降低了权重矩阵的选取难度，并且结合 PI 控制获得了更好的跟踪性能。

9.1.4　基于卡尔曼滤波的 LQR 轨迹跟踪

无人机在实际飞行中，由于受环境噪声、传感器不确定性和外部扰动的影响，测量到的系统状态与真实状态之间往往存在偏差。在存在较大干扰的情况下，误差的存在会导致基于 LQR 的控制器在轨迹跟踪中的表现不如预期，所计算的反馈增益可能无法保证无人机准确地跟踪设定轨迹。因此，为了提升 LQR 控制器在噪声和不确定性环境中的鲁棒性，也可以考虑采用滤波技术。卡尔曼滤波器作为一种经典的滤波方法，常被用于估计受到随机噪声干扰的系统状态[6]。将卡尔曼滤波器与 LQR 控制器结合，可以通过实时估计

系统的不可测状态来补偿噪声对状态估计的影响，从而增强轨迹跟踪的精度。

假设无人机受到高斯随机噪声干扰，卡尔曼滤波器通过状态方程和初始估计来计算残差和增益值，并使用这些信息来估计系统的实际状态。卡尔曼滤波的基本步骤包括基于离散状态方程和测量方程进行预测和修正，从而实时更新状态估计。卡尔曼滤波的步骤解释如下：

$$\boldsymbol{x}(t+1)=\boldsymbol{C}\boldsymbol{x}(t)+\boldsymbol{D}\boldsymbol{u}(t)+\boldsymbol{G}\boldsymbol{w}(t) \tag{9-9}$$

$$\boldsymbol{y}(k)=\boldsymbol{H}\boldsymbol{x}(t)+\boldsymbol{v}(t) \tag{9-10}$$

式中，$\boldsymbol{w}(t)$ 代表系统受到的随机高斯噪声干扰；$\boldsymbol{G}$ 是噪声的传递矩阵；$\boldsymbol{y}(k)$ 为系统测量值；$\boldsymbol{H}$ 为测量矩阵；$\boldsymbol{v}(t)$ 为均值为零且协方差结构已知的测量噪声向量。$\boldsymbol{w}(t)$ 与 $\boldsymbol{v}(t)$ 的协方差矩阵为

$$\boldsymbol{E}\left[\boldsymbol{w}(t)\boldsymbol{w}^{\mathrm{T}}(j)\right]=\boldsymbol{Q}(t)\delta(tj) \tag{9-11}$$

$$\boldsymbol{E}\left[\boldsymbol{v}(t)\boldsymbol{v}^{\mathrm{T}}(j)\right]=\boldsymbol{R}(t)\delta(tj) \tag{9-12}$$

式中，$\boldsymbol{E}$ 代表期望计算；$\delta(tj)$ 代表克罗内克运算。

在实际应用中，卡尔曼滤波器为无人机系统提供了一个更加精确的状态估计。通过递归地更新估计值和协方差，卡尔曼滤波器能够在存在噪声和干扰的情况下，持续改善轨迹跟踪的精度。对于无人机来说，状态向量的外推和估计过程可以通过以下递归方程组来表示：

$$\boldsymbol{X}_e(t|t-1)=\boldsymbol{C}\boldsymbol{X}_e(t-1|t-1)+\boldsymbol{D}\boldsymbol{K}(t-1)(\boldsymbol{X}_d-\boldsymbol{X}_e(t-1|t-1)) \tag{9-13}$$

$$\boldsymbol{\Delta}(t)=\boldsymbol{Z}(t)-\boldsymbol{H}\boldsymbol{X}_e(t|t-1) \tag{9-14}$$

$$\boldsymbol{X}_e(t|t)=\boldsymbol{X}_e(t|t-1)+\boldsymbol{K}(t)\boldsymbol{\Delta}(t) \tag{9-15}$$

可得增益矩阵：

$$\boldsymbol{K}(t)=\boldsymbol{P}(t|t)\boldsymbol{H}^{\mathrm{T}}\boldsymbol{R}^{-1}(t)=\boldsymbol{P}(t|t-1)\boldsymbol{H}^{\mathrm{T}}(\boldsymbol{H}\boldsymbol{P}(t|t-1)\boldsymbol{H}^{\mathrm{T}}+\boldsymbol{R}(t))^{-1} \tag{9-16}$$

由此，无人机将能够通过卡尔曼滤波器实现精确状态估计，使得 LQR 控制器在应用时能使得无人机更准确地跟踪预定轨迹，并提高系统的整体鲁棒性和稳定性。文献［7］同样使用 LQR 与滤波器结合，实现了无人机的高度控制。文献［8］使用扩展卡尔曼滤波器对无人机进行状态估计，并基于 LQR 方法实现对无人机的控制。

9.2 基于 MPC 的轨迹跟踪控制

MPC 源自最优控制，它与基于 LQR 的控制方法类似，通过优化包含关于系统状态和控制输入信息的成本函数来计算控制输入[9]。区别在于 LQR 通过求解代数 Riccati 方程来求解一次反馈增益，能有效处理线性系统的控制问题，但是对于非线性系统而言，需要获得线性化表示之后应用代数 Riccati 方程。MPC 通过在每个控制周期内重新求解优化问题，不仅能够处理当前时刻的状态，还能考虑未来的系统行为。这种方法通过优化包含系统状态、控制输入及其约束的成本函数，生成一系列随时间变化的控制输入，从而使 MPC 能够在动态环境中实时调整控制策略，以优化系统性能。此外，MPC 能够明确处理施加在系统上的各种约束，如状态约束和输入约束，确保控制方案的可行性。相比于 LQR，MPC 不仅适用于线性系统，对于非线性系统同样具有良好的控制效果，因而在复

杂控制任务中具有更加优异的效果。LQR 与 MPC 的方法对比见表 9-1。

表 9-1　LQR 与 MPC 优缺点对比

控制方法	优点	缺点
LQR	对于线性系统计算复杂度低，计算速度快；对实时性要求较低	需要精确的线性系统模型；难以处理复杂、非线性的系统；无法处理实际系统中的约束
MPC	可以有效处理线性与非线性系统；能够处理系统的约束；可以对系统滚动优化，不断调整最优控制序列；具有一定的内在鲁棒性	需要精确的线性或非线性系统模型；对于复杂、非线性系统，计算复杂度高，计算速度慢

9.2.1　MPC 控制基础知识

以一个离散时间系统为例，系统的动态方程为

$$\boldsymbol{x}(t+1)=f(\boldsymbol{x}(t),\boldsymbol{u}(t)) \tag{9-17}$$

其中系统在特定采样时刻 t 进行采样，并根据系统的模型将当前采样的状态信息 $\boldsymbol{x}(t)$ 作为初始状态，预测系统在预测时间范围 $[t,t+N]$ 内的状态。同时，针对给定的系统代价函数，求解有约束的开环优化问题，得到一组控制输入序列。然后将该序列中的第一个控制输入应用于实际控制系统。通过在下一个采样瞬间 $(t+1)$ 采样得到系统的新状态，并重复执行此过程，具体过程见图 9-2。

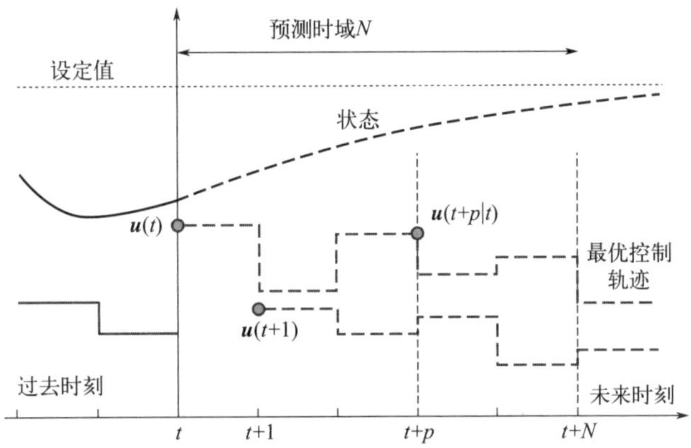

图 9-2　MPC 策略

MPC 的优化问题可以被描述如下：

$$\min_{u(t+s|t)} \; J(\boldsymbol{x}(t),\boldsymbol{u}(t)) \tag{9-18}$$

$$\begin{aligned} \text{s.t.}\quad & \boldsymbol{x}(t+s+1)=f(\boldsymbol{x}(t),\boldsymbol{u}(t)) \\ & \boldsymbol{x}(t|t)=\boldsymbol{x}(t) \\ & \boldsymbol{x}(t+s|t)\in X \\ & \boldsymbol{u}(t+s|t)\in \boldsymbol{U} \\ & \boldsymbol{x}(t+N|t)\in \boldsymbol{X}_f \end{aligned}$$

式中，$s=1, \cdots, N-1$；X、U 和 X_f 分别为优化问题的状态约束集、控制约束集以及终端约束集；$J(\boldsymbol{x}(t),\boldsymbol{u}(t))$是问题的目标成本函数，具有如下形式：

$$J(\boldsymbol{x}(t),\boldsymbol{u}(t))=\sum_{s=0}^{N-1} l(\boldsymbol{x}(t+s|t),\boldsymbol{u}(t+s|t))+V_f(\boldsymbol{x}(t+N|t)) \tag{9-19}$$

式中，$\boldsymbol{x}(t+s|t)$ 是在 t 时刻预测的 $t+s$ 时刻的状态。值得注意的是，MPC 的预测时域为 N，即 MPC 旨在考虑有限时域的代价函数，逼近无限时域的最优解。为了确保 MPC 控制的稳定性，终端代价 $V_f(\cdot)$ 与终端约束 $\boldsymbol{x}(t+N|t)\in X_f$ 被添加到优化问题中。终端约束确保了 MPC 优化问题的迭代可行性与系统的稳定性，终端集的计算基于系统在平衡点附近的线性化模型，可以参考文献［10］与［11］。假设该误差系统的平衡点为原点，当终端集只包含平衡点时，即 $X_f=\{0\}$时，终端集约束将变换为终端等式约束。MPC 优化问题的阶段成本与 LQR 所定义的成本相似，即 $l(\boldsymbol{x}(t),\boldsymbol{u}(t))=\boldsymbol{x}(t)^{\mathrm{T}}\boldsymbol{Q}\boldsymbol{x}(t)+\boldsymbol{u}(t)^{\mathrm{T}}\boldsymbol{R}\boldsymbol{u}(t)$。

通过上述优化框架，MPC 能够在每个控制周期内优化整个控制输入序列，最终只应用序列中的第一个控制输入。这种逐步调整和实时优化的方式使得 MPC 适用于约束控制、多目标优化以及复杂的轨迹跟踪。

9.2.2 MPC 轨迹跟踪策略

基于前文给出的无人机参考轨迹记作 $\boldsymbol{x}_{ref}$，无人机当前状态记作 $\boldsymbol{x}$，参考轨迹与无人机状态之间的误差记作 $\boldsymbol{e}$，获得无人机的误差系统：

$$\boldsymbol{e}(t+1)=f(\boldsymbol{e}(t),\boldsymbol{u}(t)) \tag{9-20}$$

因此，MPC 轨迹跟踪问题可以表述为：设计一个控制输入序列，使得误差系统的代价在有限时间内最小化，同时满足系统状态和控制输入的约束条件。定义基于误差系统的 MPC 轨迹跟踪问题：

$$\min_{u(t+s|t)} J(\boldsymbol{e}(t),\boldsymbol{u}(t)) \tag{9-21}$$

$$\begin{aligned}
\text{s. t.}\quad & \boldsymbol{e}(t+s+1)=f(\boldsymbol{e}(t),\boldsymbol{u}(t))\\
& \boldsymbol{e}(t|t)=\boldsymbol{x}(t)\\
& \boldsymbol{e}(t+s|t)\in X_e\\
& \boldsymbol{u}(t+s|t)\in U\\
& \boldsymbol{e}(t+N|t)\in X_f^e
\end{aligned}$$

其中代价函数定义为

$$J(\boldsymbol{e}(t),\boldsymbol{u}(t))=\sum_{s=0}^{N-1}(\boldsymbol{e}^{\mathrm{T}}(t+s|t)\boldsymbol{Q}\boldsymbol{e}(t+s|t)+\boldsymbol{u}^{\mathrm{T}}(t+s|t)\boldsymbol{R}\boldsymbol{u}(t+s|t)) +V_f(\boldsymbol{e}(t+N|t)) \tag{9-22}$$

求解该优化问题获得最优控制序列 $\boldsymbol{u}^*(t+s|t)$，$s\in[0,N-1]$，并且应用 $s=0$ 时的最优控制输入 $\boldsymbol{u}^*(t)$ 到无人机系统中。进入 $t+1$ 时刻，采样得到无人机状态 $\boldsymbol{x}(t+1)$，以及与参考轨迹的初始误差 $\boldsymbol{e}(t+1)$，接着构建优化问题进行求解，从而实现滚动优化，

驱动轨迹跟踪误差趋近于 0，实现精确与稳定的轨迹跟踪。其算法如算法 9.2 所示。

算法 9.2　MPC 算法

初始化　获得参考轨迹 $\boldsymbol{x}_{ref}$，构建四旋翼无人机误差系统方程 $\boldsymbol{e}(t+1)=f(\boldsymbol{e}(t),\boldsymbol{u}(t))$，设置预测时域 N，确定误差状态约束与控制约束 X_e、U，计算终端集合 X_f^e，设置 $t=0$，运行时间为 $t_{\max}$。

开始循环

步骤 1. 计算当前时刻无人机状态 $\boldsymbol{x}(t)$ 与参考轨迹 $\boldsymbol{x}_{ref}(t)$ 的误差 $\boldsymbol{e}(t)$，作为优化问题的状态初始值。

步骤 2. 基于所构建的误差系统，构建优化问题求解最优控制序列 $\boldsymbol{u}^*(t+s|t),s\in[0,N-1]$。

步骤 3. 将最优控制序列中的第一位 $\boldsymbol{u}^*(t)$ 作为无人机在 t 时刻的控制输入。

步骤 4. $t=t+1$。

步骤 5. 如果 $t<t_{\max}$ 则返回步骤 1，反之跳出循环。

结束循环

通过这种滚动优化策略，MPC 能够动态调整控制输入，实时纠正无人机的轨迹跟踪误差，确保其稳定并精确地跟随参考轨迹。在实际应用中，MPC 的轨迹跟踪还需要考虑系统约束和外部干扰的情况，如文献［12］利用四旋翼无人机的微分平面特性，将参考轨迹、系统输出和输入用 Bezier 曲线表示，建立了多参数二次规划问题。文献［13］中，基于非线性 MPC 的控制器与基于差分平坦度的控制器（DFBC）对比，展示了所设计的 NMPC 在跟踪动态不可行轨迹方面的优越性，并添加了内环控制器以进一步减少跟踪误差。

9.2.3 RMPC 轨迹跟踪策略

由于 MPC 是滚动优化的，每一时刻都将基于当前状态求解优化问题，并获得一段时间内的一系列控制输入以确保在一段时间内的闭环性能，所以 MPC 对于外界干扰具有一定的鲁棒性。但如果无人机在运行过程中受到较大的干扰，则可能会使无人机的状态偏离真实约束，从而丧失优化问题的可行性，同时影响系统稳定性。鲁棒 MPC（RMPC）解决了存在扰动的情况下 MPC 策略的可行性与稳定性问题。目前常用的 RMPC 方法主要有基于管（tube）的方法[14]、基于 lipschitz 的误差估计方法[15]、基于 min-max 的方法[16]等，本章节将简要介绍基于 tube 的 RMPC 方法，以应对不确定性扰动。

以线性的误差系统为例：

$$\boldsymbol{e}(t+1)=\boldsymbol{A}\boldsymbol{e}(t)+\boldsymbol{B}\boldsymbol{u}(t)+\boldsymbol{d} \tag{9-23}$$

式中，矩阵 $\boldsymbol{A}$ 和 $\boldsymbol{B}$ 为误差系统的系统矩阵；$\boldsymbol{d}$ 为由实际受扰动系统构建误差系统后得到的加性扰动项，在此假设中该加性扰动有上界，并且 $\boldsymbol{d}\in D$，其中 D 是一个紧集。为了处理加性扰动 $\boldsymbol{d}$，首先构建标称系统方程为

$$\bar{\boldsymbol{e}}(t+1)=\bar{\boldsymbol{A}}\bar{\boldsymbol{e}}(t)+\bar{\boldsymbol{B}}\bar{\boldsymbol{u}}(t) \tag{9-24}$$

假设对于该标称系统存在反馈增益 $\boldsymbol{K}$ 使得 $\boldsymbol{A}_K=\boldsymbol{A}+\boldsymbol{B}\boldsymbol{K}$ 是稳定的，通过构建扰动不

变集 Z，使得

$$\boldsymbol{A}_K Z \oplus D \subseteq Z \tag{9-25}$$

式中，$\oplus$代表 Minkowski 集合加法，所构建的扰动不变集将代替系统的原点，即稳定后的系统状态将处于集合 Z 中。由于 Z 是系统的扰动不变集，将基于标称系统求解出的标称最优控制序列表示为 $\overline{\boldsymbol{u}}(t+s|t), s\in[0,N-1]$，无人机实际系统的控制输入为 $\boldsymbol{u}=\overline{\boldsymbol{u}}+\boldsymbol{K}(\boldsymbol{e}(t)-\overline{\boldsymbol{e}}(t))$，那么对于所有的 $\boldsymbol{e}(t+1)$，有 $\boldsymbol{e}(t+1)\in\overline{\boldsymbol{e}}(t+1)\oplus Z$，即在采用该控制策略的条件下，后续真实误差系统的误差状态将在以标称系统状态为中心的扰动不变集 Z 中。基于此，构建针对标称误差系统的 RMPC 问题：

$$\begin{aligned} \min_{\overline{\boldsymbol{u}}(t+s|t)} \quad & J(\overline{\boldsymbol{e}}(t),\overline{\boldsymbol{u}}(t)) \\ \text{s.t.} \quad & \overline{\boldsymbol{e}}(t+s+1)=f(\overline{\boldsymbol{e}}(t),\boldsymbol{u}(t)) \\ & \overline{\boldsymbol{e}}(t|t)=\overline{\boldsymbol{e}}(t) \\ & \overline{\boldsymbol{e}}(t+s|t)\oplus Z\subseteq X_e \\ & \overline{\boldsymbol{u}}(t+s|t)\oplus KZ\subseteq U \\ & \overline{\boldsymbol{e}}(t+N|t)\oplus Z\subseteq X_f^e \end{aligned} \tag{9-26}$$

其中代价函数设计与 9.1.2 节中代价函数一致，但是优化问题包含的状态与控制输入均属于标称系统。基于该优化问题所设计的控制器 $\boldsymbol{u}=\overline{\boldsymbol{u}}+\boldsymbol{K}(\boldsymbol{e}(t)-\overline{\boldsymbol{e}}(t))$已经被证明可以使得扰动不变集 Z 具有鲁棒指数稳定性质，并且 RMPC 算法也具有迭代可行性。其示意图如图 9-3 所示，基于 tube 的 RMPC 算法与 MPC 算法类似，区别在于需要首先根据扰动上界计算扰动不变集 Z。

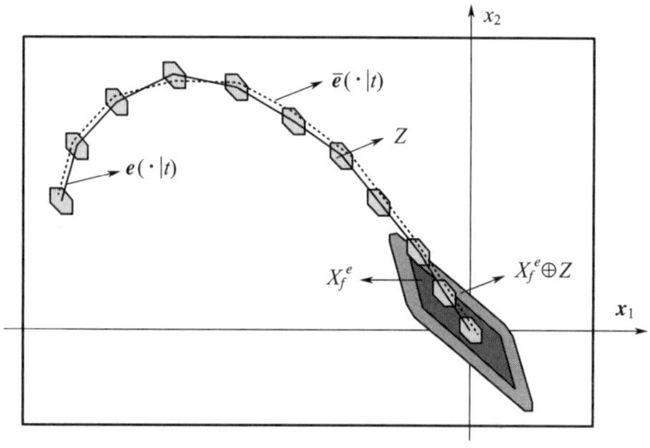

图 9-3 基于 tube 的 RMPC 策略

基于 tube 的 RMPC 方法由于对系统扰动的建模与控制策略的优化设计，适用于无人机在动态环境下遭遇未知扰动的场景，如风速变化、气流干扰或其他外部扰动源。它确保了四旋翼无人机在复杂环境中能够应对外部扰动，从而保持系统稳定性并实现精确的轨迹跟踪。现有研究中基于 tube 的 MPC 方案更多地被应用于地面无人车辆的跟踪控制中[17]，在四旋翼无人机的控制方面仍有探索空间。值得一提的是，文献［18］针对有载荷干扰的四旋翼无人机的轨迹跟踪与避碰问题设计了基于 tube 的 MPC 轨迹规划与跟踪控制器。

9.2.4　EMPC 轨迹跟踪策略

经济模型预测控制（EMPC）是一种基于经济优化的模型预测控制方法，它不仅关注系统的稳定性和轨迹跟踪性能，还通过实时优化过程实现系统的经济效益最大化。与传统的 MPC 方法相比，EMPC 的核心优势在于能够在优化控制性能的同时，考虑到能源、成本或其他经济因素的最优化[19]。因此，EMPC 广泛应用于能源管理、工业过程控制、交通系统等需要平衡经济效益与控制目标的场景。

在四旋翼无人机的轨迹跟踪应用中，EMPC 的优化目标不仅包括稳定的轨迹跟踪，还要考虑最小化飞行过程中所消耗的能量。因此，EMPC 的代价函数中引入了能量消耗项作为优化的关键因素，即无人机推进所消耗的功率。这一节能策略可以有效减少无人机飞行中的能耗，从而提高系统的能源利用效率，在长时间任务或电池有限的情况下尤为重要。定义 EMPC 优化问题的成本如下：

$$
\begin{aligned}
J(\boldsymbol{x}(t),\boldsymbol{u}(t)) &= \sum_{s=0}^{N-1} l(\boldsymbol{x}(t+s|t),\boldsymbol{u}(t+s|t)) + V_1(\boldsymbol{x}(t+s|t)) + V_f(\boldsymbol{x}(t+N|t)) \\
&= \sum_{s=0}^{N-1} (\boldsymbol{x}(t+s|t) - \boldsymbol{x}_{ref}(t+s|t))^{\mathrm{T}} \boldsymbol{Q} (\boldsymbol{x}(t+s|t) - \boldsymbol{x}_{ref}(t+s) \\
&\quad + \boldsymbol{u}^{\mathrm{T}}(t+s|t)\boldsymbol{R}\boldsymbol{u}(t+s|t) + V_1(\boldsymbol{x}(t+s|t)) + V_f(\boldsymbol{x}(t+N|t))
\end{aligned}
\tag{9-27}
$$

代价函数中的 $V_1(\boldsymbol{x}(t+s|t))$ 作为能量函数，即四旋翼无人机推进所消耗的功率。此外，在实际飞行过程中，四旋翼无人机的轨迹可能会受到环境中障碍物的影响。为确保飞行过程的安全性与稳定性，EMPC 优化问题还需要考虑避障约束。假设在飞行任务的环境中存在多个障碍物，图 9-4 所示为障碍物的分布。其中 $\boldsymbol{x}_o^i$ 为地图中障碍物的中心，无人机在运行过程中期望远离障碍物，为此，在约束中需要保证无人机的预测轨迹远离障碍物，无人机的预测轨迹与障碍物中心之间的距离为 $\|\boldsymbol{x}(t+s|t) - \boldsymbol{x}_o^i\|_2$，设定无人机与障碍物中心的最小距离为 d_i，由此得到 EMPC 的避障优化问题为：

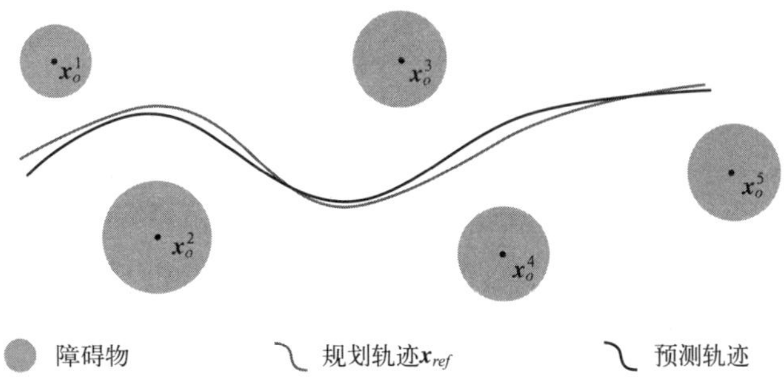

图 9-4　障碍物的分布

$$
\min_{\boldsymbol{u}(t+s|t)} J(\boldsymbol{x}(t),\boldsymbol{u}(t)) \tag{9-28}
$$

$$
\begin{aligned}
\text{s. t.}\quad & \boldsymbol{x}(t+s+1)=f(\boldsymbol{x}(t),\boldsymbol{u}(t)) \\
& \boldsymbol{x}(t|t)=\boldsymbol{x}(t) \\
& \boldsymbol{x}(t+s|t)-\boldsymbol{x}_{ref}(t+s)\in X_e \\
& \boldsymbol{u}(t+s|t)\in U \\
& \boldsymbol{x}(t+N|t)-\boldsymbol{x}_{ref}(t+s)\in X_f^e \\
& \|\boldsymbol{x}(t+s|t)-\boldsymbol{x}_o^i\|_2-\boldsymbol{d}_i\geqslant 0
\end{aligned}
$$

式中，$i\in N_o$，i 为障碍物的标号，N_o 为地图中障碍物的个数。通过这一优化策略，EMPC 能够有效实现四旋翼无人机在飞行过程中既精确跟踪目标轨迹，又避免碰撞风险，同时最大限度地减少能量消耗。此方法在需要在复杂环境中进行自主飞行的四旋翼无人机中具有显著的优势，尤其适用于节能与安全性要求较高的任务。例如，文献［20］提出了基于 EMPC 的方案，使固定翼无人机能够在能见度受限的情况下实现对目标的持续跟踪，从而提高任务的执行效率。

9.3 基于数据驱动的轨迹跟踪控制

传统的轨迹跟踪控制方法通常依赖于准确的数学模型，这些模型能够描述系统的动态行为。然而，在现实应用中，系统的动态行为往往受到各种因素的影响，例如环境扰动、传感器误差、模型不准确等，导致精确建模变得困难。随着数据科学和人工智能技术的发展，基于数据驱动的控制方法应运而生。该方法可以不依赖于精确的物理模型，而从大量的操作数据中提取信息，以推断和优化控制策略。这一方法在许多实际应用中显示出了巨大的潜力，特别是在面对高不确定性和复杂动态的系统时，数据驱动的控制方法往往能够比传统方法表现出更强的适应性和鲁棒性。在轨迹跟踪控制中，基于数据驱动的控制策略逐渐成为一种有效的选择。本章节将介绍两种数据驱动的轨迹跟踪控制方法：基于神经网络的轨迹跟踪策略和基于强化学习（RL）的轨迹跟踪策略。

9.3.1 基于数据驱动的 MPC 轨迹跟踪策略

如前文所述，MPC 是一种通过在线优化计算控制输入的方法，其核心思想是通过最小化代价函数来寻求最优控制序列。然而，传统的 MPC 方法依赖于精确的物理模型来描述系统的动态特性。在一些复杂系统或环境中，获取精确的物理模型可能既困难又不实际。为了解决这一问题，数据驱动的 MPC 方法应运而生。该方法通过从系统实际运行中收集数据，并利用机器学习等技术构建系统的动态模型，从而使得控制策略能够基于实时数据进行优化决策。这种方法的优势在于能够在缺乏精确物理模型的情况下，依然可以根据实时数据执行轨迹跟踪控制，并且具有较强的鲁棒性和适应性，能够有效应对模型不确定性和外部扰动。

在轨迹跟踪控制问题中，MPC 被广泛应用于求解具有多约束条件的最优控制问题，尤其是在动态约束和输入限制的情况下。为了确保精确的轨迹跟踪和满足系统的动力学约束，本节将介绍一种基于数据驱动的 MPC 轨迹跟踪优化算法。首先，我们考虑将四旋翼无人机的动态系统进行线性化：

$$\boldsymbol{x}(t+s+1)=\boldsymbol{A}_d(t+s|t)\boldsymbol{x}(t+s|t)+\boldsymbol{B}_d(t+s|t)\boldsymbol{u}(t+s|t)+\boldsymbol{w}(t+s|t) \tag{9-29}$$

式中，$s\in\{0,\cdots,N-1\}$，N 为 MPC 的预测时域；$\boldsymbol{A}_d$ 与 $\boldsymbol{B}_d$ 为线性化雅可比矩阵；$\boldsymbol{w}(t+s|t)$代表了测量误差与模型不确定性。将线性化系统进行增广得到

$$\boldsymbol{X}(t+s+1)=\widehat{\boldsymbol{A}}(t+s|t)\boldsymbol{X}(t+s|t)+\widehat{\boldsymbol{B}}(t+s|t)\Delta\boldsymbol{u}(t+s|t)+\widehat{\boldsymbol{w}}(t+s|t) \tag{9-30}$$

其中增广系统状态为

$$\boldsymbol{X}(t)=\begin{bmatrix}\boldsymbol{x}(t)\\ \boldsymbol{u}(t-1)\end{bmatrix} \tag{9-31}$$

为了保证能够快速、平滑地跟踪到期望轨迹，以无人机轨迹跟踪误差与控制增量最小为目标，将轨迹跟踪问题转化为优化控制问题：

$$\begin{aligned}\min_{\Delta\boldsymbol{u}(t+s|t)} J(\boldsymbol{X}(t),\Delta\boldsymbol{u}(t))=&\sum_{s=0}^{N-1}\|\boldsymbol{x}(t+s|t)-\boldsymbol{x}_{ref}(t+s|t)\|_Q^2\\&+\|\Delta\boldsymbol{u}(t+s|t)\|_R^2+V_f(\boldsymbol{x}(t+N|t))\end{aligned} \tag{9-32}$$

$$\begin{aligned}\text{s. t.}\quad &\boldsymbol{X}(t+s+1)=\widehat{\boldsymbol{A}}(t+s|t)\boldsymbol{X}(t+s|t)+\widehat{\boldsymbol{B}}(t+s|t)\Delta\boldsymbol{u}(t+s|t)+\widehat{\boldsymbol{w}}(t+s|t)\\&\Delta\boldsymbol{u}_{\min}\leqslant\Delta\boldsymbol{u}(t+s|t)\leqslant\Delta\boldsymbol{u}_{\max}\\&\boldsymbol{u}_{\min}\leqslant\boldsymbol{u}(t+s|t)+\Delta\boldsymbol{u}(t+s|t)\leqslant\Delta\boldsymbol{u}_{\max}\\&\boldsymbol{X}_{\min}\leqslant\boldsymbol{X}(t+s|t)\leqslant\boldsymbol{X}_{\max}\end{aligned}$$

通过求解优化问题，得到轨迹跟踪控制器为

$$\boldsymbol{u}^*(t)=\boldsymbol{u}(t-1)+\Delta\boldsymbol{u}^*(t) \tag{9-33}$$

由于数据驱动轨迹跟踪的 MPC 策略成本函数是参数化的，其可以通过机器学习技术进行改进，可以将控制问题中的全局性能目标函数通过高斯过程进行参数化，从而使得性能指标能够根据实际轨迹跟踪过程中收集到的数据进行调整。常见的机器学习方法如贝叶斯优化、遗传算法或梯度优化可以被用来推断下一次优化的新参数，进一步提升轨迹跟踪的精度和效率。可以定义轨迹跟踪全局性能目标函数为

$$J_g=\sum_{t=0}^{T}\|\boldsymbol{x}(t)-\boldsymbol{x}_{ref}(t)\|^2 \tag{9-34}$$

$t=0$ 至 $t=T$ 表示从路径的起点到终点的整个过程，该性能目标函数表示整个跟踪过程的跟踪偏差。根据新的采样点，通过多次迭代执行轨迹跟踪任务以获得相应的全局性能代价。

基于数据驱动的 MPC 方法还可以结合由 Willems 提出的持续激励引理[21]，将传统的系统模型转化为基于数据表示的模型。通过这种方式，系统的动态模型不再依赖于物理建模，而是通过已知数据与实时收集的数据获得[22]。该设计不仅可以保证 MPC 的迭代可行性，并确保系统在实际运行中的稳定性和鲁棒性，这一研究在近期也得到了广泛关注。此外，文献［23］将高低过程建模的空气动力学效应纳入 MPC 控制器中，实现四旋翼无人机的高速轨迹跟踪。文献［24］基于知识的神经常微分方程（KNODE），来扩充从第一性原理获得的模型，并将这一模型集成到 MPC 框架之中，实现了四旋翼无人机轨

迹跟踪的性能提升。

9.3.2 基于神经网络的轨迹跟踪策略

神经网络作为一种强大的非线性函数逼近工具，能够从数据中学习并逼近系统的动态特性，而不需要精确的物理模型[25]。这一特点使得神经网络在面对复杂、非线性、时变的动态系统时，具有天然的优势，并且可以有效解决传统建模方法面对复杂系统遇到的困难。对于四旋翼无人机等复杂系统，在环境条件变化或系统模型不确定的情况下，基于神经网络的轨迹跟踪策略能够根据历史数据进行自适应调整，从而实现精确的控制和稳定的轨迹跟踪。因此，当传统控制方法如 LQR 或 MPC 控制无法满足精度要求时，神经网络提供了更为灵活和强大的解决方案。接下来将介绍一种基于两层神经网络的反馈跟踪控制方法。基于两层神经网络，包括一层随机分配的常数权重和一层可调节权重，可以对任何平滑函数进行逼近，使得

$$f_N(\boldsymbol{x}_N)=\boldsymbol{W}_N^{\mathrm{T}}\sigma(\boldsymbol{V}_N^{\mathrm{T}}\boldsymbol{x}_N)+\boldsymbol{\varepsilon}_N \tag{9-35}$$

式中，$f_N(\cdot)$ 为神经网络的输出；$\boldsymbol{\varepsilon}_N$ 为近似误差；$\boldsymbol{V}_N$ 为随机选择的输入层权重；$\sigma(\cdot)$ 为激活函数。假设在无人机进行轨迹跟踪的过程中，无法获得无人机动力学的所有信息，则考虑将神经网络用于观测器的设计并建立观测误差。随后，为了设计跟踪控制器，定义无人机的跟踪误差并得到闭环误差动态方程：

$$\dot{\boldsymbol{e}}_\rho=-\boldsymbol{K}_\rho\boldsymbol{e}_\rho+\boldsymbol{R}\boldsymbol{e}_v \tag{9-36}$$

神经网络观测器需要实时估计无人机的速度、角速度以及其他动态变量，生成控制器所需的反馈信号。由于神经网络是在线学习的，因此其权重需要在每个采样时刻根据实时观测进行调整。这要求神经网络能够在无人机飞行过程中根据当前的状态和观测信息，不断更新其内部参数。为了保证基于神经网络观测器的估计误差不会引发系统的不稳定，必须证明神经网络观测器的误差估计是半全局一致最终有界（SGEUB）的。也就是说，神经网络的估计误差和权重值在长期内应该有界，并且系统最终能够稳定地跟踪期望轨迹。为此，可以通过 Lyapunov 稳定性分析方法，结合神经网络的收敛性理论，确保控制器设计的稳定性，并且最终使得轨迹跟踪的误差趋向于 0。基于神经网络的轨迹跟踪控制算法如算法 9.3 所示。

算法 9.3 基于神经网络的轨迹跟踪控制算法

初始化 获得参考轨迹 $\boldsymbol{x}_{ref}$；初始化神经网络权重参数 $\boldsymbol{V}_N$；构建无人机误差动态方程。

开始循环

步骤 1. 计算轨迹跟踪误差，基于神经网络得到估计误差。

步骤 2. 基于误差动态方程和神经网络输出设计反馈控制律。

步骤 3. 基于所设计的神经网络损失函数，使用优化算法进行更新，返回步骤 1。

结束循环

基于神经网络的轨迹跟踪策略提供了一种强大且灵活的控制方法，能够在模型不确定

的情况下于复杂环境中实现精确的轨迹跟踪控制。此外，基于神经网络的轨迹跟踪策略也为未来的研究提供了多个扩展方向。例如文献［26］使用深度神经网络（DNN）来处理更高维的状态空间，提升控制系统的学习能力和泛化能力。在此基础上，四旋翼无人机采用 DNN 增强的控制系统进行轨迹跟踪，提高了跟踪精度和适应复杂环境的能力。文献［27］使用自适应神经网络，进一步提高控制器的鲁棒性和灵活性。文献［28］基于广义回归神经网络，在无需准确了解四旋翼无人机参数的情况下确保了渐进轨迹跟踪。

9.3.3　基于强化学习的轨迹跟踪策略

强化学习（RL）是一种基于学习的方法，其通过智能体与环境的交互而获得反馈从而学习到最优控制策略[29]。在无人机轨迹跟踪问题中，无人机定义状态、动作以及奖励函数，基于强化学习根据当前状态调整控制输入，从而跟踪目标轨迹。与机器学习中的监督学习和无监督学习不同，强化学习的目标不是基于标签数据学习模型，而是通过奖励和惩罚来指导智能体的学习过程，使其在给定的环境中最大化长期回报。

在轨迹跟踪任务中，强化学习通过定义状态 s、动作 a 和奖励函数 $r(s,t)$ 来指导智能体学习如何执行控制任务。具体来说，状态表示系统的当前情况，动作则是智能体采取的操作，奖励函数则根据智能体执行的动作与轨迹之间的偏差来评估其表现，并为无人机提供反馈。无人机在执行轨迹跟踪任务时，其状态包括位置、速度、与目标轨迹的偏差等；动作则表示无人机的控制输入，如转向角度和加速度等。

在马尔可夫奖励过程中，定义一个状态基于策略 π 的价值为从该状态出发遵循策略 π 能获得的期望回报。对于一个状态 $\boldsymbol{s}$，其价值函数被定义为

$$V^{\pi}(\boldsymbol{s})=\mathrm{E}_{\pi}[G_t \mid \boldsymbol{S}_t=\boldsymbol{s}] \tag{9-37}$$

式中，G_t 为从 t 时刻状态 $\boldsymbol{S}_t$ 开始到终止状态所获得的回报。其次，定义动作价值函数，表示基于当前状态 $\boldsymbol{s}$ 执行动作 $\boldsymbol{a}$ 所能得到的期望回报：

$$Q^{\pi}(\boldsymbol{s},\boldsymbol{a})=\mathrm{E}_{\pi}[G_t \mid \boldsymbol{S}_t=\boldsymbol{s},\boldsymbol{A}_t=\boldsymbol{a}] \tag{9-38}$$

对于四旋翼无人机，其与环境交互的示意图如图 9-5 所示。定义无人机能够寻找到的最优策略为 $\pi^*(\boldsymbol{s})$，最优策略下的状态价值函数为最优状态价值函数，即

$$V^*(\boldsymbol{s})=\max_{\pi} V^{\pi}(\boldsymbol{s}),\quad \forall \boldsymbol{s}\in \boldsymbol{S} \tag{9-39}$$

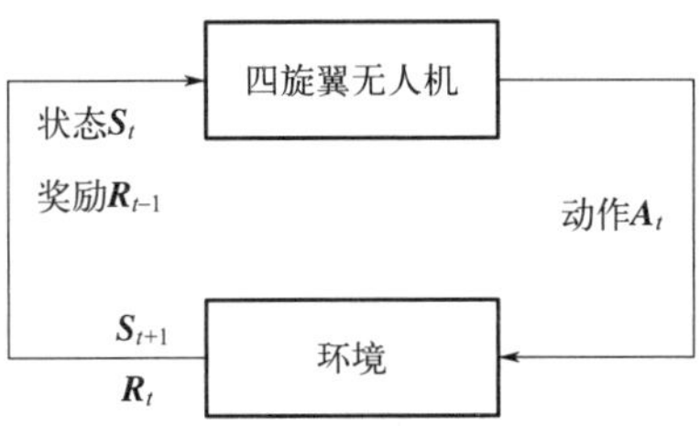

图 9-5　四旋翼无人机与环境交互示意图

同样地，定义最优动作价值函数：

$$Q^*(\boldsymbol{s},\boldsymbol{a})=\max_{\pi} Q^{\pi}(\boldsymbol{s},\boldsymbol{a}),\quad \forall \boldsymbol{s}\in \boldsymbol{S},\boldsymbol{a}\in \boldsymbol{A} \tag{9-40}$$

由于在执行最优策略时，状态价值函数将与动作价值函数相等，可得

$$V^*(\boldsymbol{s})=\max_{a\in \boldsymbol{A}} Q^*(\boldsymbol{s},\boldsymbol{a}) \tag{9-41}$$

基于 $V^*(\boldsymbol{s})$ 和 $Q^*(\boldsymbol{s},\boldsymbol{a})$ 的关系，以及设奖励函数 $r(\boldsymbol{s},\boldsymbol{a})$，折扣因子为 γ，可以得到贝尔曼最优方程：

$$V^*(\boldsymbol{s})=\max_{a\in \boldsymbol{A}}\{r(\boldsymbol{s},\boldsymbol{a})+\gamma\sum_{s'\in \boldsymbol{S}} p(\boldsymbol{s}'|\boldsymbol{s},\boldsymbol{a})V^*(\boldsymbol{s}')\} \tag{9-42}$$

$$Q^*(\boldsymbol{s},\boldsymbol{a})=r(\boldsymbol{s},\boldsymbol{a})+\gamma\sum_{s'\in \boldsymbol{S}} p(\boldsymbol{s}'|\boldsymbol{s},\boldsymbol{a})\max_{a'\in \boldsymbol{A}} Q^*(\boldsymbol{s}',\boldsymbol{a}') \tag{9-43}$$

以强化学习实现四旋翼无人机轨迹跟踪与避障为例，若无人机缺乏关于障碍物位置、大小等的先验知识，无人机将接收来自 RL 的决策信息以在不改变参考轨迹的情况下实现实时避障。由于该问题可以被认为一个部分可观测的序列决策问题，因此在每个时间步长内，无人机将从环境中收集观测值、控制输入以及在地图中的位置。为了在尽量短的时间内实现轨迹跟踪误差达到最小值，这需要求解具有约束的优化问题以获得最优控制，约束包括四旋翼无人机的运动学约束以及防止无人机与障碍物发生碰撞的安全约束。

为了基于 RL 求解优化问题以获得最优控制序列，需要定义观测空间、动作空间与奖励函数。观测空间需要包括无人机当前位置与参考轨迹之间的差值、无人机的速度，以及障碍物的信息。动作空间由表示无人机转向的向量与无人机的控制输入组成。奖励函数由避免与障碍物碰撞的奖励和行动奖励组成。接着可以使用 Q-Learning 方法训练轨迹跟踪避障策略：

$$Q(\boldsymbol{s}_t,\boldsymbol{a}_t)\leftarrow Q(\boldsymbol{s}_t,\boldsymbol{a}_t)+\alpha[\boldsymbol{R}_t+\gamma\max_{a} Q(\boldsymbol{s}_{t+1},\boldsymbol{a})-Q(\boldsymbol{s}_t,\boldsymbol{a}_t)] \tag{9-44}$$

式中，α 代表学习率。接着依据贪婪算法对 RL 过程进行训练，通过多次的交互和学习，Q-Learning 能够逐步改进策略，使得无人机能够实现更加精确的轨迹跟踪与避障，算法流程如算法 9.4 所示。

算法 9.4 Q-Learning 算法

初始化 获取初始状态 $\boldsymbol{s}$，动作 $\boldsymbol{a}$；设置学习率 α；折扣因子为 γ；奖励函数为 $r(\boldsymbol{s},\boldsymbol{a})$。

开始循环

步骤 1. 获取环境信息。

步骤 2. 如果观测到障碍物，则保存该动作，选择最优策略，基于无人机运动学模型更新。如果未观测到障碍物，则设置动作为 0，基于无人机运动学模型更新。

步骤 3. 当避碰奖励不为 0 时则返回步骤 1，反之跳出循环。

结束循环

除了 Q-learning 算法，其他强化学习算法同样在轨迹跟踪控制中具有良好的应用效果。例如，深度 Q 网络（DQN）通过使用深度神经网络来近似 Q 值函数，能够处理高维的状态空间，尤其适用于复杂的动态系统。策略梯度方法通过直接优化策略，适合处理连续的动作空间，能够灵活应对非线性控制问题[30]。Actor-Critic 方法则结合了值函数和策

略函数的优点，通过分别评估动作的价值和优化策略，提升了学习效率和稳定性[31]。除此之外，近端策略优化（PPO）[32]和深度确定性策略梯度（DDPG）[33]等算法也在连续控制任务中展现了优越的性能，能够根据不同场景应用于轨迹跟踪。对于四旋翼无人机，文献［34］所提出的基于 RL 的控制算法能够在无模型的情况下实现无人机的航路点跟踪。文献［35］基于反步控制与 RL，通过 Actor-Critic 方法迭代，实现了对四旋翼无人机的优化跟踪控制。文献［36］以两部分协作的方式为四旋翼无人机设计了一个可靠的 RL 控制框架，在控制器中实现了快速收敛、强鲁棒性和良好的泛化能力。

参考文献

［1］ Scokaert P O M，Rawlings J B. Constrained linear quadratic regulation［J］. IEEE Transactions on automatic control，1998，43（8）：1163-1169.

［2］ Liu C，Pan J，Chang Y. PID and LQR trajectory tracking control for an unmanned quadrotor helicopter：Experimental studies［C］//2016 35th Chinese control conference. IEEE，2016：10845-10850.

［3］ Alothman Y，Guo M，Gu D. Using iterative LQR to control two quadrotors transporting a cable-suspended load［J］. IFAC-PapersOnLine，2017，50（1）：4324-4329.

［4］ Artale V，Barbaraci G，Milazzo C，et al. Dynamic analysis of a hexacopter controlled via LQR-PI［C］//AIP Conference Proceedings. American Institute of Physics，2013，1558（1）：1212-1215.

［5］ Elkhatem A S，Engin S N. Robust LQR and LQR-PI control strategies based on adaptive weighting matrix selection for a UAV position and attitude tracking control［J］. Alexandria Engineering Journal，2022，61（8）：6275-6292.

［6］ Kim Y，Bang H. Introduction to Kalman filter and its applications［J］. Introduction and Implementations of the Kalman Filter，2018，1：1-16.

［7］ Hajiyev C，Vural S Y. LQR controller with Kalman estimator applied to UAV longitudinal dynamics［J］. Positioning，2013，4（1）：36-41.

［8］ Raja M M. Extended Kalman Filter and LQR controller design for quadrotor UAVs［J］. 2017.

［9］ Rawlings J B，Mayne D Q，Diehl M. Model predictive control：theory，computation，and design［M］. Madison，WI：Nob Hill Publishing，2017.

［10］ Mayne D Q，Rawlings J B，Rao C V，et al. Constrained model predictive control：Stability and optimality［J］. Automatica，2000，36（6）：789-814.

［11］ Fagiano L，Teel A R. Generalized terminal state constraint for model predictive control［J］. Automatica，2013，49（9）：2622-2631.

［12］ Liu C，Lu H，Chen W H. An explicit MPC for quadrotor trajectory tracking［C］//2015 34th Chinese Control Conference. IEEE，2015：4055-4060.

［13］ Sun S，Romero A，Foehn P，et al. A comparative study of nonlinear mpc and differential-flatness-based control for quadrotor agile flight［J］. IEEE Transactions on Robotics，2022，38（6）：3357-3373.

［14］ Langson W，Chryssochoos I，Raković S V，et al. Robust model predictive control using tubes［J］. Automatica，2004，40（1）：125-133.

［15］ Li H，Shi Y. Event-triggered robust model predictive control of continuous-time nonlinear systems［J］. Automatica，2014，50（5）：1507-1513.

［16］ Raimondo D M，Limon D，Lazar M，et al. Min-max model predictive control of nonlinear systems：A unifying overview on stability［J］. European Journal of Control，2009，15（1）：5-21.

［17］ Chai R，Tsourdos A，Gao H，et al. Dual-loop tube-based robust model predictive attitude tracking control for spacecraft with system constraints and additive disturbances [J]. IEEE Transactions on Industrial Electronics, 2021, 69 (4): 4022-4033.

[18] Fu C, Sun H, Dai L, et al. Robust mPC-based trajectory tracking control for quadrotor UAV-slung Load system [C]//2024 43rd Chinese Control Conference. IEEE, 2024: 2826-2833.

[19] Faulwasser T, Grüne L, Müller M A. Economic nonlinear model predictive control [J]. Foundations and Trends in Systems and Control, 2018, 5 (1): 1-98.

[20] Tyagi P, Liu C, Sujit P B. Energy optimal 3D target tracking using fixed-wing UAV [C]//2022 International Conference on Unmanned Aircraft Systems. IEEE, 2022: 1404-1410.

[21] Willems J C, Rapisarda P, Markovsky I, et al. A note on persistency of excitation [J]. Systems & Control Letters, 2005, 54 (4): 325-329.

[22] Berberich J, Köhler J, Müller M A, et al. Data-driven model predictive control with stability and robustness guarantees [J]. IEEE Transactions on Automatic Control, 2020, 66 (4): 1702-1717.

[23] Torrente G, Kaufmann E, Föhn P, et al. Data-driven MPC for quadrotors [J]. IEEE Robotics and Automation Letters, 2021, 6 (2): 3769-3776.

[24] Chee K Y, Jiahao T Z, Hsieh M A. Knode-mpc: A knowledge-based data-driven predictive control framework for aerial robots [J]. IEEE Robotics and Automation Letters, 2022, 7 (2): 2819-2826.

[25] Ge S S, Hang C C, Lee T H, et al. Stable adaptive neural network control [M]. Springer Science & Business Media, 2013.

[26] Li Q, Qian J, Zhu Z, et al. Deep neural networks for improved, impromptu trajectory tracking of quadrotors [C]//2017 IEEE International Conference on Robotics and Automation. IEEE, 2017: 5183-5189.

[27] Zhang X, Wang Y, Zhu G, et al. Discrete-time adaptive neural tracking control and its experiments for quadrotor unmanned aerial vehicle systems [J]. IEEE/ASME Transactions on Mechatronics, 2021, 28 (3): 1201-1212.

[28] Lopez-Sanchez I, Rossomando F, Pérez-Alcocer R, et al. Adaptive trajectory tracking control for quadrotors with disturbances by using generalized regression neural networks [J]. Neurocomputing, 2021, 460: 243-255.

[29] Wiering M A, Van Otterlo M. Reinforcement learning [J]. Adaptation, learning, and optimization, 2012, 12 (3): 729.

[30] Arulkumaran K, Deisenroth M P, Brundage M, et al. Deep reinforcement learning: A brief survey [J]. IEEE Signal Processing Magazine, 2017, 34 (6): 26-38.

[31] Han M, Zhang L, Wang J, et al. Actor-critic reinforcement learning for control with stability guarantee [J]. IEEE Robotics and Automation Letters, 2020, 5 (4): 6217-6224.

[32] Zakharenkov A, Makarov I. Deep reinforcement learning with dqn vs. ppo in vizdoom [C]//2021 IEEE 21st international symposium on computational intelligence and informatics. IEEE, 2021: 000131-000136.

[33] Wang Y, Ren T, Fan Z. Autonomous maneuver decision of uav based on deep reinforcement learning: comparison of DQN and DDPG [C]//2022 34th Chinese Control and Decision Conference. IEEE, 2022: 4857-4860.

[34] Hwangbo J, Sa I, Siegwart R, et al. Control of a quadrotor with reinforcement learning [J]. IEEE Robotics and Automation Letters, 2017, 2 (4): 2096-2103.

[35] Wen G, Hao W, Feng W, et al. Optimized backstepping tracking control using reinforcement learning for quadrotor unmanned aerial vehicle system [J]. IEEE Transactions on Systems, Man, and Cybernetics: Systems, 2021, 52 (8): 5004-5015.

[36] Hua H, Fang Y. A novel reinforcement learning-based robust control strategy for a quadrotor [J]. IEEE Transactions on Industrial Electronics, 2022, 70 (3): 2812-2821.